国家自然科学基金青年科学基金项目(51904011)
中国科协青年人才托举工程项目
安徽省自然科学基金青年科学基金(1908085QE183) 资助
煤炭开采水资源保护与利用国家重点实验室开发基金(GJNY-18-73.7)
安徽理工大学青年教师科学研究基金(QN2018108)

鄂尔多斯盆地煤铀协调开采 扰动岩层多场耦合特征

张 通 袁 亮 赵毅鑫 著

U0214330

应急管理出版社

· 北 京 ·

内 容 提 要

本书基于煤铀赋存环境，对煤、砂质泥岩及砾岩进行微观孔隙形态及物质成分分析，对完整砂岩、砂质泥岩，裂隙砂岩、砂质泥岩岩样及大尺度砾岩含水层多孔介质进行室内应力—渗流试验；结合数值模拟松散砂岩含铀含水层铀矿地浸开采中溶质化学反应—输运过程及单、双裂隙介质应力—渗流—溶质输运耦合过程；研发煤铀协调开采试验台、构建数值模型，分别运用透明材料、FLAC3D-CFD模拟器模拟煤铀共采、先铀后煤及先煤后铀开采情景，探索煤铀开采扰动岩层中应力场、裂隙场、渗流场及溶浸液化学反应—溶质输运耦合特征，提出煤铀开采走廊及煤铀隔离走廊技术概念，制定煤铀协调开采安全等级初步评价标准。

本书可供煤及共伴生资源协调开发行业管理人员和技术人员借鉴参考，亦可供高等院校相关专业的师生学习阅读。

前　　言

　　煤炭为国家重要的化石能源，铀矿为国家重要的战略资源。针对以鄂尔多斯盆地为代表的煤铀资源共生赋存状况，为安全、高效、绿色开采煤铀资源，降低煤铀资源开采间的相互扰动，减小环境的负外部性，需进行煤铀赋存环境探测和煤铀开采相互扰动机理及特征研究，提出煤铀协调开采安全等级初步评价标准及优化开采技术。砂岩型铀矿赋存于煤层上方铀矿含矿含水层中，其地浸开采涉及溶浸液与氧化铀的化学反应、溶质物理输运，基于水头压差，溶浸液在渗流、分子扩散及渗流弥散作用下进行水平、垂直运移扩散，整体地浸开采为溶质反应—输运耦合的动态过程，煤层开采为涉及应力场、裂隙场及渗流场多场动态耦合的过程，因此共生煤铀资源开采是应力—裂隙—渗流场及溶质化学反应—输运动态耦合过程。深入研究以鄂尔多斯盆地为代表的煤与铀协调开发模式，揭示煤铀协调开采扰动岩层多场耦合特征，对提升共伴生资源采出率，减小环境负外部性具有重要意义。

　　本书共分为7章。第1章为概述，主要介绍了研究背景及意义、国内外研究现状、研究内容；第2章主要介绍了岩体微观结构形态，分析了岩体孔隙裂隙特征、微观孔隙和裂隙特征及构成成分；第3章主要介绍了载荷岩样渗透特性试验，开展了覆岩多孔介质、裂隙介质渗透性试验，分析了砂岩、砂质泥岩、多孔介质渗流规律；第4章主要介绍了多场耦合模型与数值模拟，分析了载荷与非达西流渗透系数关系、载荷与孔隙度关系，构建了裂隙介质及多孔介质渗透率模型；第5章主要介绍了煤铀协调开采物理透视化相似模拟，基于煤铀共生地质赋存状况，构建了模拟试验台，配置了物理相似模拟材料，开展并分析了煤铀不同开采情景下多场耦合演化规律；第6章基于工程现场，开展了煤铀协调开采数值模拟及安全评价，构建了裂缝带几何模型，分析了煤铀同采、先煤后铀、先铀后煤开采情景下，煤铀协调开采裂隙—渗流—化学场时空耦合关系，评价了煤铀协调安全开采模式；第7章展望了后续煤铀协调开采研究方向与具体研究内容。

本书在编写过程中得到了中国矿业大学（北京）、安徽理工大学、国家能源投资集团等专业人员的支持和帮助。特别是袁亮院士给予了有益的启示和精心的指导；赵毅鑫教授给本书提出了宝贵意见；杨东辉、何祥、王伟、蔡永博、朱广沛、聂晓东、龚浩然、李新源等博士在试验中给予了帮助；杨鑫、李燕芳、蔚斐等硕士在书籍出版过程中提供了帮助。在此表示衷心感谢。

本书相关研究工作得到了国家自然科学基金青年科学基金项目（51904011）、中国科协青年人才托举工程项目、安徽省自然科学基金青年科学基金（1908085QE183）、煤炭开采水资源保护与利用国家重点实验室开发基金（GJNY-18-73.7）、安徽理工大学青年教师科学研究基金（QN2018108）的资助。

由于作者水平有限，书中不妥之处在所难免，敬请读者批评指正。

著　者

2021 年 1 月

目　　录

1 概　　述

1.1　研究背景与意义

煤、铀是国家社会经济发展的重要能源支撑。近年来，内蒙古鄂尔多斯地区探明的煤炭储量十分丰富，同时在其周边区域先后发现多个大规模铀矿床，资源共生现象凸显，如何安全高效开发利用煤铀资源，对保障国家能源供应和国家战略安全意义重大。

鄂尔多斯市属于国家 14 个大型煤炭基地之神东基地，查明资源储量 2017 亿 t（备案），2014 年约生产原煤 6.3 亿 t，销售煤炭 5.6 亿 t，现有煤矿 328 座，其中生产煤矿 310 座，批准产能 4.95 亿 t，在建煤矿 18 座，设计生产能力为 1.3 亿 t。现有煤矿中井工煤矿 191 座，露天煤矿 137 座，平均单井生产能力在 200 万 t/a 以上，其中最低规模 30 万 t/a，最高规模 2500 万 t/a，总保有资源量在 600 亿 t 以上。鄂尔多斯盆地（内蒙古部分）煤炭分布面积约占土地总面积的 70%，煤炭查明保有资源储量为 2132.55 亿 t，占全国的 13.70%。煤炭主要赋存地层为石炭系太原组、二叠系山西组及侏罗系中下统延安组。

碳硅泥岩型、火山岩型、花岗岩型及砂岩型四大类铀矿为我国主要的铀矿类型，分别占 8.7%、17.63%、22.93%、42.95%。花岗岩型、火山岩型、碳硅泥岩型等铀矿大多产于江西、广东、湖南等省。砂岩型铀矿主要产于内蒙古、新疆等自治区。其中鄂尔多斯盆地北东部各铀矿床具有相同的区域铀成矿条件及类似的铀成矿规律。铀矿赋存在侏罗系中统直罗组，埋深在 550~750 m，主要分布在盆地北部和西缘，如杭锦旗、伊金霍洛旗、东胜区及鄂托克前旗，其中东部矿体埋藏较浅，均在 200 m 左右，向西逐渐加深，西部大营铀矿床埋深均在 600 m 以上，矿体厚度较稳定、品位变化较均匀，矿体形态以板状、似层状为主。

某煤铀共生矿区，煤矿井田东西最长 25.494 km，南北最宽 15.692 km，面积 229.452 km²，矿井设计生产能力为 1000 万 t/a。该矿井田内共查明可采煤层 4 层（3-1、4-1、4-2 和 5-1），主采煤层为 3-1，平均埋深为 600 m，厚度在 0.6~12.2 m，平均 3.36 m。煤矿建设期间，在该矿东翼采区范围内发现了特大型砂岩型铀矿，矿体平均埋深为 410 m，距离 3-1 煤层 90~150 m，平均厚度为 3.74 m，面积为 32.86 km²。该铀矿层主要赋矿层位为侏罗系直罗组下段砂岩，该含水层为 3-1 煤顶板直接充水含水层。含水岩组下伏于下白垩统含水岩组，分布稳定，水文地质结构较为简单，地下水类型为层间承压水。岩性主要由河流相的绿色、灰色中砂岩、中粗砂岩、粗砂岩构成，夹泥岩、粉砂岩薄层，富水性及渗透性较好。受地质构造影响，含矿含水层埋深总体表现出由北东向南西逐渐增大的特征。其赋存的地下水为承压水，地下水位埋深在 109.45 ~ 153.41 m，承压水头为 169.55 ~ 252.46 m，含矿含水层水位标高及承压水头具有从北向南逐渐增大的特征。含矿含水层隔水顶板为稳定连续展布的泥岩或泥质粉砂岩，有效地隔断了与上覆含水层的水力联系。含矿含水层富水性变化不大，单位涌水量为 0.092 ~ 0.1032 L/(s·m)，含矿含水层渗透系数为 0.55 ~ 0.63 m/d，导水系数为 17.34 ~ 72.55 m/d。

在铀矿床直罗组下段底部形成一套砾岩、泥砾岩层，主要岩性为泥质砾岩，岩石固结程度较高，夹泥岩、粉砂岩薄层，局部夹砂岩，该岩组厚度较大，连续性好，渗透性相对较差，可作为铀矿含矿含水层次隔水底板。在该岩层顶部存在一层相对稳定的泥、粉质隔水层，厚度为 0.3 ~ 3.8 m，局部缺失。直罗组底部砾岩层在该地区分布广泛，呈北西—南东向带状展布，在铀矿床协议区分支成两条，其中南侧分支向南东延伸，厚度 40 ~ 100 m。

3-1 煤层为主采煤层，2-2 煤层及其上下的泥—砂互层岩组合成为铀矿含矿含水层底板隔水层，根据铀矿协议区内煤矿钻孔资料统计，该隔水层厚度为 1.2 ~ 43.0 m，平均 22.4 m，厚度稳定，连续性好。从含矿含水层底板等厚图可以看出，在矿床协议区范围南部含矿含水层底板厚度较大，均在 20 m 以上，呈北东向带状展布；协议区范围北部含矿含水层厚度相对较薄，厚度一般为 5 ~ 20 m，高、低值区均呈不连续岛状分布。从整体上看，铀矿床含矿含水层隔水底板厚度稳定，连续性好，无透水天窗。

铀矿层主要赋矿层位为侏罗系直罗组下段砂岩，该含水层为 3-1 煤顶板直接充水含水层，煤层的开采将引起铀矿层水位的下降，破坏了铀矿的开采条件，并带来一系列的开采、安全和环境问题，主要分为以下几种情况：

（1）煤层采动引起上覆岩层移动，严重的还会延伸至地表造成地表沉陷。由于鄂尔多斯盆地铀矿床位于煤层之上，煤层采空后导致上部地层塌陷，进而影响铀矿开采或破坏铀矿矿床。

（2）煤层采动裂缝带导通上部含水层引起地下水位降低，破坏铀矿资源地浸开采条件，威胁或导致铀矿不能开发利用。

（3）下部煤矿开采活动导致含铀矿层再活化，存在放射性污染风险。一方面，在下部煤矿开采活动过程中，煤层顶板垮落导致铀矿层附近隔水层破坏，使得铀矿污染物进入地下含水层扩散，进而造成严重的环境污染；另一方面，铀矿污染物或含污染物的地下水体通过煤矿岩层垮落裂缝带进入煤矿采区，进而影响煤矿资源的安全开发。

1.2 研究现状

1.2.1 SEM 及 XRD 研究现状

煤岩材料的宏观性质都是由它的微观结构决定的，掌握这些微观信息对矿业科学工作者来说是十分必要的。在现代测试技术中，常用的成分、结构测试方法有扫描电镜、原子力显微镜、X 射线衍射全岩矿物分析（XRD）等。

宫伟力等对不同地区的 6 种煤岩试样进行扫描电镜观测，研究成果为深入认识复杂孔隙结构对岩体非线性力学行为的影响，提供几何边界、结构参数基于显微图像分析的可行方法。Zhao 用扫描电镜（SEM）观测大理石试件在单轴压缩下表面裂纹扩展过程，描述岩石变形与破坏过程的分形演化方程。马鹏程等采用显微光学、X 射线衍射全岩矿物分析（XRD）等方法，以霍西煤田灵石矿区主采煤层 9 号和 10 号煤为研究对象，探讨了 9 号和 10 号煤分层样品的煤岩学和煤质特征。李小明等通过对大别造山带前陆盆地石炭纪含煤岩系高煤级煤的 X 射线衍射分析，研究结果表明，构造应力作用提高了"煤晶核"的延展度和堆砌度，使面网间距减小。王水利根据高岭石基面衍射是否加强以及加强的程度，将我国煤系高岭岩的 XRD 曲线分为 3 种基本形态，并分析了造成高岭石曲线差异的原因。左兆喜等以宁武盆地太原组和山西组泥页岩为研究对象，通过钻孔资料、TOC、XRD、扫描电镜、压汞及低温液氮测试，探讨宏观—微观非均质性影响因素。

1.2.2 应力水力裂隙研究现状

岩体由完整岩块及裂隙构成，对于地下水流运动，孔半径、孔喉大小、孔的连通性及裂隙方向、宽度、贯通性对流体运移起着重要的控制作用。应力场、裂隙场及渗流场在裂隙岩体中的耦合过程，在核废料处理、地热能抽采、油气抽采、大坝工程、隧道工程及煤层开采中得到了深入研究。裂隙水力传导特征对于裂隙岩体，尤其是低渗透率岩体渗透特征起到重要的控制作用。同时由于岩体的各向异性，包含众多不同尺寸的自然裂隙，裂隙岩体模型描述方面面临着重要挑战。当岩体受地下工程扰动影响，受应力影响，完整岩体及裂隙将同时产生变形。由于岩体基质硬度较高，大部分岩体变形形成于裂隙的法相变形及剪切变形。因此现有裂隙将会闭合、张开、生长，并伴随产生众多新生裂隙，对岩体结构产生重要影响。对于应力场和裂隙场而言，岩体内部结构的改变将伴随产生应力场及渗流场相关性质及行为的重要改变。因此，有效表述裂隙岩体力学及水力学性质对研究裂隙岩体渗透特征具有重要作用。其中水力传导张量为定量描述裂隙岩体流固耦合特征的重要指标，其具体测量形式主要有现场试验、数值模拟及理论分析。数值模拟方面，等效连续介质及离散元方式均得到了广泛应用。其他方面，Snow 基于任意方向及裂隙宽度的单裂隙状况，建立了渗透率张量表达式，并通过增加张量组分，形成裂隙网络渗透率张量；Oda 基于裂隙的几何统计建立了岩体裂隙张量模型；Liu 等考虑到破坏岩体中应力、应变重新分布，建立了水力传导与有效孔隙度关系；Chen 等考虑到具有一组或多组控制作用裂隙的裂隙岩体的各向异性，利用非关联流准则和流动膨胀性，建立了等效弹—塑性本构方程，描述复杂应力环境下岩体的整体渗流及力学响应；Bruno 等运用数值模拟研究了基于不同孔隙压力作用下深埋 1000 m 的裂隙岩体的流固耦合效应，指出裂隙岩体的等效渗透率相关于裂隙法相刚度、拉伸破坏区域的渗透率以及渗流率幂函数的指数。

1.2.3　多孔介质渗透性研究现状

多孔介质渗流引起众多工程领域重视，尤其在石油工程、环境工程、地下水文学等领域。其中孔喉、孔径大小以及孔的贯通性等多孔介质结构对流体运移起着重要作用，依据水头压力与多孔介质流量间线性及非线性关系，达西流及非达西流分别进行不同状态下的多孔介质流体描述。在煤炭开采、油气抽采及页岩气、非常规致密砂岩气等碳氢能源开采，隧道开挖、边坡加固等工程施工，以及垃圾填埋、废弃核废料处理、污水处理等环境工程中，渗流现象以及渗流形式（达西流、非达西流）得到了广泛研究。深入研究渗流行为以及相应特征，对地质科学、能源开采以及地质灾害防护具有重要意义。1856 年，达西通过试验研究发现了水头压差与多孔介质流量间的线性关系，命名为达西定律，并在随后的大量现场施工及科学研究中得到广泛应用。达西定律具体表达式如下：

$$- J = Av \qquad (1-1)$$

式中　J——水头压差；

　　　A——渗透系数；

　　　v——渗流速度。

然后达西定律仅适用于低速、稳定、层流状态，对于高速、强渗透性多孔介质，水头压力与介质流量间呈现非线性关系。众多国内外学者针对非达西流现象进行了研究，并将非达西流大致归结为湍流、惯性流及非牛顿流，其中惯性流得到了广泛认可，并通过 Forchheimer 定律及 Izbash 定律表达应用。Forchheimer 定律由 Forchheimer 于 1901 年提出，随后得到大量试验及理论分析的验证。相比而言。Izbash 定律为经验公式，二者的表达式具体如下：

$$- J = Av + Bv^2 \qquad (1-2)$$

$$-J = \lambda v^{\omega} \tag{1-3}$$

式中 J——水头压力梯度；

    v——流体速度；

  A、B——非达西流系数，分别为 μ/k、β/g，其中 μ 为动力黏度系数，k 为渗透率，β 为非达西流因数，g 为重力加速度。式（1-2）右边两项分别表示黏性和惯性能量损失。对于式（1-3）而言，ω 为依赖于流体状态系数，λ 表示惯用阻力系数。

总结大量国内试验研究，达西流状态中渗透率 k 与有效应力间呈幂函数及指数函数关系：

$$k = k_0 \exp\left[-\gamma(\sigma - \sigma_0)\right] \tag{1-4}$$

$$k = a\sigma^{-b} \tag{1-5}$$

式中 σ_0、σ——初始有效应力及有效应力；

  k、k_0——相应于 σ_0、σ 的渗透系数；

   γ——应力相关性系数；

  a、b——介质常数。

值得注意的是，幂函数对低应力状态下渗透率—应力关系具有很好的适用性，所以相比而言，指数型函数可较好地描述高应力状态下的渗透率—应力关系。

1.2.4 孔隙介质溶质化学反应—输运研究现状

铀是重要的核燃料，具有重要的战略价值，其传统工艺为直接开采地层中含铀矿石，近年来，经济、高效的地浸开采得到了众多关注，并应用于世界约 50% 的铀矿开采。地浸开采依据溶浸液类型分为酸式（H_2SO_4）地浸开采和碱式（Na_2CO_3、$NaHCO_3$ 以及 CO_2+O_2）地浸开采，美国基本采用碱式地浸开采，而中国、俄罗斯、澳大利亚、德国及哈萨克斯坦等基本采用酸式地浸开采，其中哈萨克斯坦酸式铀矿产值约占世界总产值的 40%。地浸开采包括抽注井两种系统，溶浸液（酸式或碱式）通过注入井输送至铀矿床，溶浸液与含铀矿石发生化学反应，生成富含铀元素溶液并由抽液井负压输送至地表，通过离子交换树脂进行铀元素分离提纯。溶浸液与铀矿床反应主要涉及复杂溶质化学反应、物理运输过程，包括水动力学方程（达西定律、非达西定律）、溶质输运方程、质量守恒方程，参与反应的铀矿石主要有 UO_2、U_3O_8 两种典型形式。

酸式地浸开采方程：

$$\begin{cases} \text{反应 I}: \underbrace{UO_2 \cdot 2UO_3}_{S_1} + \underbrace{2H_2SO_4}_{1} \longrightarrow \underbrace{UO_2 + 2UO_2SO_4}_{S_2} + \underbrace{2H_2O}_{6} - 60.70\frac{kj}{mol} \\[2mm] \text{反应 II}: \underbrace{2Fe(OH)_3}_{S_3} + \underbrace{3H_2SO_4}_{1} \longrightarrow \underbrace{Fe_2(SO_4)_3}_{2} + \underbrace{6H_2O}_{6} - 159.38\frac{kj}{mol} \\[2mm] \text{反应 III}: \underbrace{UO_2}_{S_2} + \underbrace{Fe_2(SO_4)_3}_{2} \longrightarrow \underbrace{UO_2SO_4}_{3} + \underbrace{2FeSO_4}_{4} - 5.08\frac{kj}{mol} \end{cases}$$

$$(1-6)$$

碱式地浸开采方程:

天然氧化铀:

$$\underset{(\text{I})}{UO_2(s)} + \underset{(\text{II})}{\tfrac{1}{2}O_2(aq)} + \underset{(\text{III})}{CO_3^{2-}(aq)} + \underset{(\text{IV})}{2HCO_3^-(aq)} \longrightarrow \underset{(\text{V})}{UO_2(CO_3)_3^{4-}(aq)} + \underset{(\text{VI})}{H_2O(1)}$$

$$(1-7)$$

沥青铀矿:

$$\underset{(\text{I})}{U_3O_8(s)} + \underset{(\text{II})}{\tfrac{1}{2}O_2(aq)} + \underset{(\text{III})}{3CO_3^{2-}(aq)} + \underset{(\text{IV})}{6HCO_3^-(aq)} \longrightarrow \underset{(\text{V})}{3UO_2(CO_3)_3^{4-}(aq)} + \underset{(\text{VI})}{3H_2O(1)}$$

$$(1-8)$$

其中 s 为固体; aq 为水溶液; 1 为流体。

液体溶质平衡方程:

$$\partial_t(\phi\rho c_i) + \nabla\cdot(\rho\phi c_i U) = -\nabla\cdot(\rho\phi c_i U_D) + \sum_{k=1}^{VI} r_{ik} \quad (i=1,\cdots,6)$$

$$(1-9)$$

固相物质平衡方程:

$$\partial_t\big[(1-\phi)\rho_s C_{sj}\big] = \sum_{k=1}^{VI} r_{sj,k} \quad (j=1,\cdots,5) \qquad (1-10)$$

式中　　ρ——密度;

　　　　c_i——溶质组分;

　　　　ϕ——质量分数;

　　　　U——扩散系数;

　　　　U_D——弥散系数;

　　　　r_{ik}——源项;

　　　　ρ_s——固体密度;

　　　　C_{sj}——固体组分;

6

$r_{sj,k}$——源项。

地浸开采反应动力学中，理论方程（Guldberg-waage）对同质反应中化学反应速度、溶质扩散性具有很好的适用性，在异相反应中试验经验模型可较好地描述具体溶质反应过程。基于理论模型及经验公式的数值模拟软件 Modflow、MT3D、RT3D 以及其他类型软件，相继用于模拟不同抽注比、抽注井距、抽注压差等工艺下铀矿地浸开采特征。

地浸开采可避免铀矿石直接开采造成的地表、井筒塌陷等大型地质扰动，然而对铀矿地质化学环境产生重要影响，铀矿地浸开采过后，地下铀浓度、溶浸液含量以及一些潜在的水质污染物（如砷、硒）含量增大。为此，工业修复成为地浸开采中的重要环节，基本采用注入净化地下水置换采后地下水、地下溶质离子交换、化学反应剂降低水体污染溶质以及微生物沉降等综合技术手段进行铀矿地质化学环境恢复。

1.2.5 含水层下煤炭开采研究现状

流固耦合上覆岩层突水方面，武强、刘伟韬等针对特殊地质构造下覆岩滞后突水问题，基于流—固耦合理论，提出了弹塑性应变—渗流耦合、流变—渗流耦合及变参数流变—渗流耦合模拟评价模型，进一步结合 FLAC3D 软件进行模型模拟结果的可视化对比讨论。许家林等在覆岩主关键层位置对导水断裂带高度的影响方面，得出覆岩主关键层与开采煤层距离较小时，导水断裂带发育高度大，相反较大时导水断裂带发育高度小。张玉军、陈连军等分别基于FLAC3D、UDEC 的流固耦合功能，改编流固耦合模型并建立计算采场模型，对水体下煤层开采过程中顶板岩层内应力状态、位移场变化及围岩破坏规律进行了研究。Yang 等将多孔介质渗流及损伤机理与应力应变的介质渗透理论相结合，建立了渗流—应力—损伤模型，运用 RFPA2D 软件对煤层开采扰动地板突水进行了模拟。

流固耦合应力场方面，施龙青等揭示了矿山压力、冲击地压同顶板突水间的流—固耦合关系，提出了砾岩粒间隙中的水流失导致砾岩粒界面附近多层次应力局部集中，造成砾岩产生新的断裂，形成多层次冲击地压。王晓振等就松散承压含水层下采煤基岩厚度、硬岩层层位及硬岩层的不同组合特征等覆岩结构因素对压架突水灾害的影响进行研究，指出基岩越薄、距离煤层最近的硬岩层厚度越大，越易引发工作面压架突水灾害。李术才等利用研制的新型流固耦合相似材料和突涌水物理模拟试验系统真实再现采区及巷道突涌水灾变演化过程，指出隔水层渗透压力、视电阻率以及位移变化是松散含水层开采突水灾害预警和监测的重要前兆信息源。

在水利水电、矿山建设、煤层开采等过程中，岩体渗透特性是渗流场及水力耦合分析的关键，为了较好地分析岩样原生孔隙裂隙及有效应力与水头压力作用下孔隙裂隙闭合、扩展、连同与岩样渗透率间的相互关系，需深入研究岩石全应力—应变过程中的渗透率变化规律。为此国内外专家学者做了大量相关研究，Zhang 基于微裂隙连同、传导效应的破坏—渗透率模型，研究了黏土岩在损伤及再压缩过程中应力—应变—渗透率情况，通过施加静水压力、偏应力并施加不同路径的检验损伤的可逆性，确定了岩样膨胀、渗漏、破坏强度及残余强度的临界应力。Zheng 等针对低渗透性沉积岩分析了渗透率、孔隙度及有效应力间的关系，基于 TPHM（Two-Part Hooke's Model）概念（将完整岩层概念化为软弱部分和坚硬部分），针对孔隙度、渗透率及有效应力的本质关系，建立了一系列的理论模型并指出岩样软弱部分对低应力水平下的渗透率突减具有重要作用，解释了有效应力增加、低孔隙度变化、高渗透率变化的现象。Okazaki 等研究了新第三纪沉积岩压缩过程中渗透率、孔隙度及孔隙结构的演化，将渗透率表示为水力半径、孔隙度及无量纲几何参数 $1/G$ 的函数，提出一种不假设微结构模型而直接测量 G 值的方法。Bird 等基于储存层岩石 CT 扫描图片，运用 Avizo 和 COMSOL 模拟软件反演流体及电流在几何模型中的流动，相关过程为将 CT 扫描图片转换为 STL 文件并将文件导入 COMSOL 中进行孔隙空间的流体及电流模拟，并运用砂岩及白云岩进行了模拟，得出宏观的物理属性，最后对优化技术进行的讨论。Chen 等针对具有孔隙裂隙的储存层岩石建立的统一的渗透率—有效应力模型，将指数型渗透率模型进行了理论推导并派生出相应理论，对孔隙介质模型渗透率进行有效描述，且运用到多孔介质砂岩、理想裂隙介质煤及随机裂隙介质页岩，结果表明模型具有较好的适用性。Tan 等对脆性岩石破裂过程中渗透率演化特征进行了实验室观测及数值模拟，运用花岗岩作为试样，试验结果中体积应变与渗透率变化规律具有很高的相似性，在 Hoek-Brown 破坏准则基础上结合试验数据建立了考虑围压作用下强度衰减、体积膨胀及相应渗透率演化的复合本构模型，可以反演低孔隙介质在破坏过程中复杂的水力耦合行为。Zhao 等运用 CT 扫描结合数值模拟软件，基于应变率及微观结构分析对煤样破坏机理进行了具体研究，揭示异相结构严重影响煤样应力集中及形变，峰值前趋于剪切破坏峰值后拉伸破坏，煤体强度随应变率增大而增强，并指出像煤一样的脆性材料其强度及破坏机理依赖于应变率及微观结构。王小江等利用三轴耦合试验机（图 1-1、图 1-2）对粗砂岩变形破坏过程中渗透性进行了试验，得出了渗透性变化总体呈现出与偏应力—应变曲线相应的阶段性，且渗透性对环向应变的变化更为敏感，采用 Kozeny-Carman 方程研究渗透系数与体积应变关系，得出 Kozeny-Carman 方程在岩样以孔隙为主要渗流通道阶段适用性较好。彭俊等运用三轴耦合试验机研究了水压对岩石渐进破裂过程的影响，岩样选取细粒石英砂岩，结果表明，相同围岩条件下，水压增大，岩石起裂强度增大，而岩石的损伤强度及峰值强度变小，随着围岩增大，岩石的起裂强度、损伤强度及峰值强度均逐渐增大。

图1-1　三轴耦合试验机

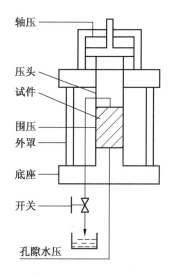

图1-2　三轴室示意图

1.2.6　物理相似模拟研究现状

李利平等采用铁晶粉、松香、石英砂、重晶石粉以及聚四氟乙烯棒等材料配制物理相似模拟材料，研究了超大断面隧道围岩破坏形式与埋深的关系，其中模型尺寸为2.0 m×2.4 m×2.4 m(长×宽×高)，几何相似比、应力相似比均取1∶50，容重相似比为1∶1。蒋树屏等通过1∶36的大比例尺相似模拟试验台，模拟了扁坦大跨度隧道的开挖过程，其中应力比为45.27，时间比尺为24，砂胶比为3∶1，胶结物中膨润土、石膏、水泥重量比为3∶6∶1。许延春等采用砂子和薄板配合承压弹簧组，构建了1.8 m×1.5 m×1.1 m(长×宽×高)相似模拟试验台，进行了大埋深高水压裂隙岩体巷道底鼓突水试验研究，其中几何相似比为50，容重相似比为1.6，应力相似比为80。杨本生等采用河砂为骨料，水泥、石膏和腻子粉为胶结物的物理相似模拟试验台，进行了高水平应力巷道连续"双壳"治理底鼓试验，其中模型几何相似比为1∶50，容重相似比为1∶1.7，强度相似比为1∶85，应变相似比为1∶1，弹性模量相似比为1∶85。张强勇等采用真三维物理相似模拟进行了深部巷道围岩分区破裂三维地质力学模型试验研究，有效揭示了深部巷道围岩分区破裂的形成条件和破坏规律，试验材料采用精铁矿粉、重晶石粉、石英砂、石膏粉及松香酒精溶液等，几何相似比为1∶

50，模型尺寸采用 0.6 m×0.6 m×0.6 m(长×宽×高)。翟新献等采用几何相似比为 100，容重相似比为 1.85，应力相似比为 185，时间相似比为 10 的物理相似模型研究了放顶煤工作面顶板岩层移动特征，其中模型尺寸为 2 m×0.2 m×1.3 m(长×宽×高)。王怀文等将非接触式的光学测量技术数值散斑相关方法引入到物理相似模拟中，模拟了深部开采情况下上覆岩层的移动和地表沉陷状况。

Liu 采用硅胶、硅胶粉为骨料颗粒，矿物油及其稀释液为胶结剂，有效配制了透明土及透明砂，结合 CCD 相机、激光源及 DIC 图片处理软件，进行了透明土三维可视化变形监测，力学试验结果及物理相似模拟结果表明透明材料可应用于多孔介质渗流及岩土模型配制。许国安采用硅胶粉为骨料，矿物油及正十三烷为胶结剂配制透明岩土模型，并采用摄像机捕捉夜光粉标志面应力变形的形式进行深部巷道围岩变形损伤机理及破裂演化规律研究。张顺金结合力学试验、光学试验等进行了透明岩体相似材料研制，并在巷道应力变形中进行了试验应用。叶伟采用环氧树脂、固化剂及松香材料，以及高温、低温处理工艺配制脆性透明材料，进行了透明脆性岩石相似材料内置三维裂纹扩展试验研究。付金伟等采用 C 型环氧树脂、固化剂、薄云母片，进行了含三维内置断裂面新型材料断裂体破裂过程研究。李元海等采用硅粉、矿物油混合溶液（液状石蜡与正十三烷），研制出一种透明岩体相似试验材料，通过试验得出配制透明材料与传统相似材料的力学性质和变形破裂特征具有相似性。Sun 等采用熔融硅胶、矿物油、溴氧化钙配制透明材料，以及 DIC 图片处理技术，模拟监测隧道开挖引起的地表运移。Ahmed 等采用 SG1 及矿物油溶液配制透明土，进行隧道施工稳定性评估。Guzman 等采用气相二氧化硅、矿物油、烷烃配制透明物理模型，构建泥炭地基的高速公路地基模拟，并在一定应力作用下监测了相应的变形状况。

1.2.7 数值模拟研究现状

近年来对自然资源高效开采与环境保护的关注得到大幅提升，促进了众多科研工作者在以核废料处理、碳氢能源开采、地下水污染及市政工程领域中多场耦合（应力场、裂隙场、渗流场）效应及特征的研究。由于煤层开采对岩层产生较强的扰动作用，其开采涉及众多能源供给与环境保护问题。在煤层采动涉及的地表沉陷控制、地下水防突、地应力重新分布等方面做了深入研究，以便较好揭示采场围岩力学机理及相应特征。同时为达到多资源赋存地区，共伴生能源的协调高效、绿色开采，涉及多场耦合作用的保水开采、精准开采、地下水库、地下矿井开发利用等新概念得到积极推广。

煤层开采扰动引起裂隙场发育，在采空区上覆岩层中基本分为 4 个连续区域（垮落带、裂缝带、弯曲下沉带及松散层），其中垮落带、裂缝带直接关系到煤层开采安全性及共伴生资源稳定性，因此引起众多关注。其中裂缝带按形式基本分为拱状、马鞍状及平顶状；拱状形式裂缝带已通过现场检查、数值及物理模拟综合手段得到验证，并在卸压带高度预测中发挥重要作用。

另外，水文地质条件对裂缝带发育高度具有重要影响。Denkhaus 指出对于拱状裂缝带，充分凝聚力条件下，裂缝带最大高度达到埋藏深度的 50%，弱凝聚力作用下，裂缝带最大高度可达到埋藏深度的 63%。采区几何特征对裂缝带高度具有重要作用，对于 100~200 m 的典型采煤工作面长度，基于采场宽度的裂缝带高度公式得出了较大的裂缝带高度。基于煤层厚度及其他几何因素，构建了多个理论模型并得出短期及长期情况下，裂缝带高度分别为开采煤层厚度的 6.5~24 倍和 11.5~46.5 倍。综合考虑含水层作用，Booth 等指出应对煤层开采产生的扰动行为，煤层上覆岩层各岩层水力学性质将产生不同程度的变动。依据 Karacan 等研究，由于煤层上覆岩性、破碎程度、破碎岩块堆积产生孔隙度的不同以及垮落带高度的不同，致使上覆岩层渗透率对覆岩性质、位置产生重要依赖性，表现出难预测性。Singh 等、Karacan 等评估了地表水及废弃蓄水池对岩层扰动的影响，得出位于煤层 30 倍厚度左右上覆岩层中存在导水系数不变的隔水层。针对小浪底水库下 40% 煤矿区中煤层开采问题，基于煤层不同开采条件，Xu 等总结了相应的导水断裂带发育规律。

可视化模型对研究渗流场、裂隙场、应力场耦合特征具有重要作用。现有兼具流固耦合模块的数学模型基本分为有限元和离散元，代表性软件分别为 UDEC、PFC、FLAC3D，其中离散元法可直接精确模拟小尺度岩体孔隙、裂隙状态，相比而言，有限元法在保证运行速度情况下，对大型岩体工程长期反应具有很好的模拟效果。

CFD(Fluent) 可有效模拟流体动力学、多相流输运、同相及异相间化学反应，在环境工程（流体污染物流动扩散、化学沉降、表面反应）、能源供给（固气燃料燃烧、热能处理）、油气开采等领域得到了广泛应用。采用 N-S 方程、经验公式求解层流流体、湍流流体，采用有限元方式对大型模拟对象可有效保证模拟精度与模拟速度的兼容性。在孔隙介质水动力学流体状态（达西流、非达西流）与孔隙介质物理属性及外界应力相关性方面具有优越的模拟性能，利用正交试验、控制变量法，直接求解 N-S 方程，得出流体状态敏感性系数。同时欧拉模型、VOF 模型、MIXTURE 模型兼顾流固耦合作用，有效模拟多相流化学反应、溶质输运特征并得出相关性系数及模型，方便科研及现场施工。

煤、铀协调开采主要涉及多物理场及化学场耦合问题。承压水下煤层开采是一个应力场、裂隙场及渗流场的多场动态耦合过程，应力场促进裂隙场、渗流场扩展发育，同时渗流场及裂隙场改变应力场分布状态，现有涉及此方面的宏观大尺度多场耦合研究较少。铀矿地浸开采是在地下含矿含水层中进行，涉及溶浸液与铀矿化学反应、溶质迁移，反应物不同时间不同地域浓度分布等。

载荷多孔介质、裂隙介质渗透率演化特征对于岩石类材料的渗透特性研究有重要意义，对于理论研究和解决实际工程中遇到的难题具有十分显著的作用。以煤铀赋存状况为背景，充分运用现有先进科研设备及方法，进行煤铀岩层多孔介质、裂隙介质渗透性演化特征研究，并进行煤铀协调开采多场耦合时空演化规律研究，具有重要理论及工程意义，并具有很好的创新性。

目前，针对煤铀共生资源协调开采的研究国内外鲜有报道，依据上铀下煤共生赋存状况，煤层采动裂隙场可能破坏铀矿床及铀矿地浸开采所需的地下水环境，同时地浸采铀溶浸液及 U 元素可能沿煤层采动裂隙运移，污染地下水体环境并威胁煤层安全开采，因此铀矿地浸开采溶浸液时空扩散与煤层开采垮落裂缝带时空发育相互独立，互不扰动是实现煤铀协调开采的基础，开展煤铀采动岩层应力场、裂隙场、渗流场及溶质反应—输运场的多场时空耦合特征研究尤为重要。本书基于煤铀协调开采扰动岩层微观孔隙结构及物质组分分析，进行多孔介质、裂隙介质应力—渗流试验，进一步构建煤铀采动岩层应力场—裂隙场—渗流场、溶质反应—输运场多场耦合模型及流固化耦合模拟器 FLAC3D-CFD，获取多孔介质、裂隙介质多场耦合特征，最后采用基于透明材料的物理相似模拟及基于 FLAC3D-CFD 的数值模拟进行宏观煤铀协调开采扰动岩层多场耦合特征研究，并针对煤铀不同赋存状况下协调开采的安全性进行评价，为相应地质条件下煤铀协调开采提供借鉴。

1.3 研究内容

煤铀协调开采主要涉及不同开采方案下，铀矿地浸开采工艺中抽注井井距、抽注井布置方式、抽注液量、溶浸液配制与铀矿开采效率及环境安全保护方面的协调，煤层采动对原岩应力分布影响下，裂缝带分布状况与地下水体流动关系，基于现有流固耦合研究现状，本文以覆岩（砂质泥岩、砾岩）微观孔隙结构及室内流固耦合试验为基础，构建流固化耦合模型，开发 FLAC3D-CFD 流固化耦合模拟器，基于砾岩含水层多孔介质、裂隙介质对铀矿地浸开采中溶浸液化学反应—输运过程进行模拟，通过煤铀协调开采试验台基于透明材料进行煤铀不同开采情景下溶浸液扩散运移规律及煤层开采裂缝带发育特征研究，基于透明材料物理相似模拟进一步运用 FLAC3D-CFD 模拟器进行煤铀共采、先铀后煤、先煤后铀开采情景下，煤铀采动岩层多场时空耦合特征研究，具体研究内容如下：

（1）煤铀赋存岩层微观孔隙结构及物质组分研究。现场采集煤、砂质泥岩、砾岩样品，利用扫描电镜（SEM）观测原煤、砂质泥岩、砾岩内部孔隙、裂隙分布状况，研究原岩应力状态下多孔介质、裂隙介质孔隙分布规律及贯通性特征。

（2）砾岩含水层多孔介质及砂质泥岩、砂岩裂隙介质应力—渗透性特征研究。利用三轴伺服耦合固流岩石试验机测量不同应力环境下（围压、轴压、水力压力）基质、单裂隙、双粗糙裂隙砂质泥岩、砂岩介质应力—渗透率变化规律；利用破碎岩石渗流试验系统测量不同应力环境下（轴压、水力压力）砾岩含水层多孔介质流体非达西流特征，以及颗粒大小、孔隙度对非达西流因子和渗透率影响，构建基于应力的砾岩含水层非达西流模型；基于砾岩含水层多孔介质应力—渗流模型，模拟研究多孔介质中溶质化学反应、溶质输运及渗流状况与介质渗透性、外部水头关系，得出溶质反应速度影响因素及 U 元素随流体流动的分布特征。

（3）FLAC3D-CFD 模拟器开发及煤铀采动岩层多物理场时空耦合模拟。采用 C 语言进行 FLAC3D-CFD 流固化耦合模拟器开发，实现应力场、裂隙场、渗流场、溶浸液化学反应—物理输运场动态耦合；基于（2）中多孔介质、裂隙介质应力渗流模型及地浸采铀溶浸液化学反应—输送方程，进行多孔介质、裂隙介质中流固化耦合效应模拟，探究地浸采铀影响因素及溶浸液、U 元素运移扩散规律；结合（4）中透明材料物理相似模拟试验结果，进行煤铀不同开采情景下，煤铀岩层多场时空耦合特征研究。

（4）设计研发煤铀协调开采透视化多场耦合相似模拟试验台及煤铀开采应力—裂隙—渗流场耦合演化模拟。设计研发煤铀协调开采透视化多场耦合相似模拟试验台，配制透明材料、追踪液、开采水袋，模拟砂质泥岩、砾岩含水层及煤层、铀矿地浸液，进行煤铀不同开采情景模拟，监测溶浸液扩散规律、煤层采动裂缝带发育状况及煤铀开采对地下流体运移规律影响，得出溶浸液下渗速度、范围与煤层采动裂缝带分布及时间效应关系。

（5）煤铀协调开采走廊、隔离走廊技术概念及安全等级初步评价标准。基于 FLAC3D-CFD 及煤铀协调开采透视化多场耦合相似模拟试验台试验结果，依据煤铀地质赋存概况，进行煤铀开采协调等级划分，综合考虑铀矿、水、地表生态协调对象，制定煤铀开采技术及措施；以铀矿开采走廊、隔离走廊为手段，对应布设铀矿地浸开采垂直及水平管道，做好采前设计、采中防范、采后恢复等方面研究建议。

1.4 研究方法及技术路线

煤铀赋存地层中以煤、砂质泥岩、砂砾岩微观孔隙结构及物质成分性分析为基础研究对象，进一步运用流固耦合压力机及破碎岩块渗流系统进行不同水力压力下，基于应力的裂隙岩体介质及多孔介质的渗透率变动规律试验，基于试验应力—渗流模型及地浸采铀化学反应规律，研究煤层开采扰动上覆隔水层、含水层应力—裂隙—渗流场发育规律，以及地浸采铀中溶质化学—输运变动规律。以鄂尔多斯市某煤铀共生矿区煤铀协调开采为工程背景，以理论分析、试验研究、数值模拟和物理相似模拟为研究手段，围绕砂质泥岩、砂岩及砾岩含水层多孔介质不同应力加载路径、水力压力大小下应力—渗透率关系，以及渗透率与砾岩大小、孔隙度及裂隙宽度关系展开研究。基于试验模型运用物理相似模拟及数值模拟手段，研究煤铀协调开采不同开采情景下覆岩应力场、裂隙场及渗流场耦合关系。研究技术路线如图 1-3 所示。

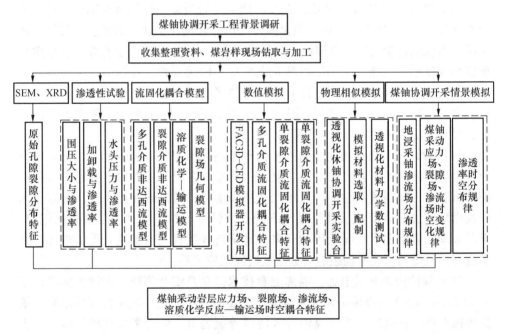

图 1-3 技术路线

2 岩体微观结构形态

2.1 引言

砂质泥岩位于煤层直接顶上部，孔隙度低在完整状态下可有效阻止砾岩含水层承压水下渗，对煤铀安全协调开采具有重要作用。同时泥岩上覆砾岩及粗粒砂岩含有承压水，对煤铀安全开采构成威胁。因此分别对现场煤铀共生矿、红庆河煤矿及布尔台煤矿顶板砂质泥岩，煤铀共生矿区承压含水层砾岩及铀矿含铀含水层砂岩进行组分及孔隙、裂隙形态特征分析，为煤铀安全开采提供保障。

2.2 岩样孔隙裂隙特征

现场获取煤铀共生矿、红庆河煤矿及布尔台煤矿顶板砂质泥岩，加工成 $\phi50$ mm×100 mm 的标准试样，进行微观结构研究及室内渗流试验，流程如图2-1所示。

图 2-1　砂质泥岩、砾岩样制取流程

依据现场采集观测及后期试样观察，可知砂质泥岩具有层理状分布特征，深灰及浅灰层相间分布，层理间夹杂分布植物化石；各层理间黏结强度及抗拉强度低，在外界扰动下易出现平行层理破坏；砾岩整体呈现灰白色，基质与孔隙相间分布。

2.3 岩样微观孔隙、裂隙形态测试

煤岩组分、孔隙、裂隙结构特征对应力状态下结构变形破坏及渗透特性具有重要影响，基于现场采集的煤岩试样，煤、砂质泥岩、砾岩扫描电镜（SEM），并对砂质泥岩进行物质成分性分析（XRD），具体如图2-2所示。

由岩体微观孔隙结构特征可知，砾岩自身孔隙分布离散、孔隙度小，整体以基质为主，说明其透水能力差；砂质泥岩由圆片状细微结构堆积而成，具有明显的沉积岩特性，其自身由基质及片状结构间的缝隙构成，基本无孔隙结构，

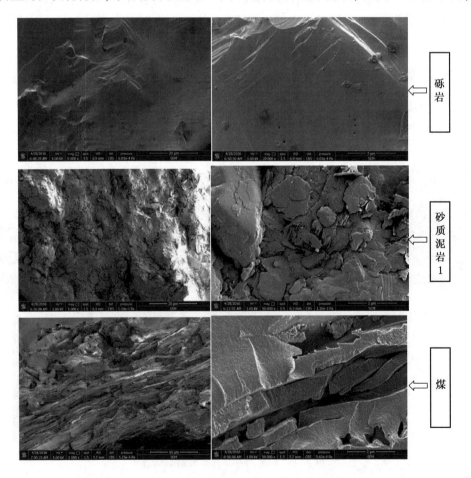

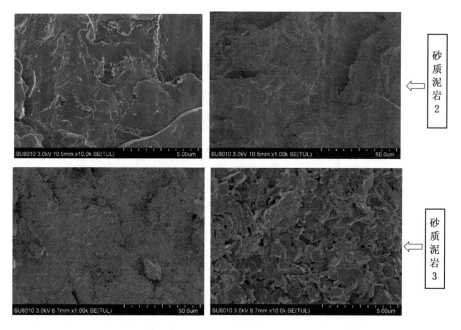

图 2-2 煤、砂质泥岩及砾岩孔隙结构特征

说明在不发生破坏及溶解作用下，砂质泥岩呈现微弱的渗透能力。结合砂质泥岩 XRD 成分性分析，对比砂质泥岩 1、2、3 可知，膨胀性矿物含量越多，则砂质泥岩孔隙结构越致密，隔水效果越好；3-1 煤以基质和纵横向缝隙为主，其渗透性主要由横纵裂隙宽度及连通性控制。

鄂尔多斯市北部沉积地层中，煤铀共生矿铀矿层位于中侏罗统直罗组下段的下亚段，岩性主要为绿色细砂岩、灰绿色中细砂岩夹灰色中砂岩，绿色砂岩粒度较小且结构较为紧密；灰绿色砂岩粒度中等且结构疏松；灰色砂岩粒度较大且结构更为疏松（图 2-3）。

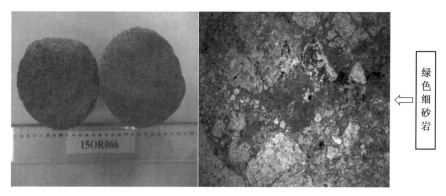

图 2-3　含铀砂岩结构特征

右侧标注：灰绿色中细砂岩　灰色中砂岩

2.4　岩样成分分析

研究表明，砂质泥岩为膨胀性岩石，含有强亲水矿物，在水的物理化学作用下随时间的发展产生体积增加、破碎和分解。其具有矿物含量如图 2-4 所示。

XRD 分析结果显示，煤铀共生矿煤层顶板砂质泥岩中高岭土占 45.73%，石英为 54.27%，相比于布尔台煤矿 21.22%、红庆河煤矿 15.06% 的高岭土含量，煤铀共生矿煤层顶板含有较高组分的高岭土。根据膨胀性岩石分类，砂质泥岩为物理膨胀性岩石，具体膨胀机理为吸水结晶体积增大、吸水变相等，膨胀性主要受试件含水率、干密度、吸水率等影响，整体岩石膨胀性表现为黏土颗粒粒间及晶间膨胀，膨胀性与黏土含量呈正相关。依据高岭土遇水膨胀软化特征，说明煤铀共生矿 3-1 煤层上方砂质泥岩顶板在未破坏情况下，具有很好的隔水效果；同时煤层开采扰动上覆砂质泥岩形成破碎块体，在覆岩压力压实作用下可再次形成密封层，起到隔绝采场水流、保护采煤工作面的作用。

18

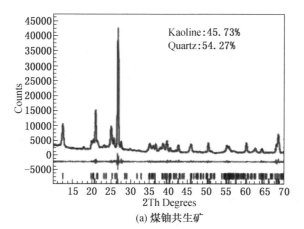

(a) 煤铀共生矿

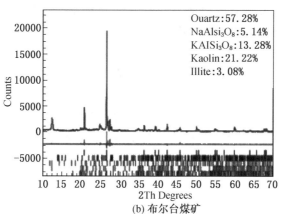

(b) 布尔台煤矿

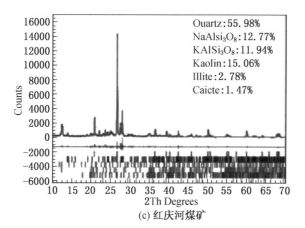

(c) 红庆河煤矿

图 2-4 砂质泥岩矿物含量

2.5 小结

通过现场取样，制取标准砂质泥岩及砾岩样品，并通过 SEM 及 XRD 对煤、砂质泥岩及砾岩样品进行了微观结构及组分分析，获取相应基质、孔隙、裂隙分布特征及对应的组分成分，主要结论如下：

（1）砂质泥岩层理分布，夹杂生物化石，整体弱面出现在各层理处，受到外界扰动，易沿层理产生滑移运动；砾岩整体组分分布均匀，呈基质、孔隙相间分布。

（2）煤、砂质泥岩及砂砾岩呈现相异微观孔隙结构，其中煤基质、横纵向裂隙分布、渗透性主要由横纵向裂隙张开度及相互交叉贯通状况控制；砂质泥岩由羽状微观结构叠加累积而成，孔隙裂隙基本不发育，渗透性弱，宏观裂隙及微观溶解作用对其渗透性具有重要影响；砾岩由基质及孔隙构成，主要成分为基质，孔隙分布稀疏、孔隙度小、渗透性差。

（3）砂质泥岩物质组分分析显示，砂质泥岩主要由石英及高岭土构成，且高岭土含量越高，砂质泥岩内部结构越致密，高岭土的存在可说明砂质泥岩具有一定的吸水膨胀性。

（4）铀矿赋存岩层岩性主要为绿色砂岩、灰绿色砂岩和灰色砂岩，其中灰绿色砂岩、灰色砂岩为疏松砂岩，渗透性高；绿色砂岩较为致密，渗透性相对较低。

3 载荷岩样渗透特性试验

3.1 引言

煤层以浅至砂岩性铀矿层，砂质泥岩、砾岩及粗粒砂岩依次分布。由岩层岩体物质组成成分性分析可知，高岭土吸水膨胀性及宏观裂隙发育对砂质泥岩渗透性具有重要影响；砂砾岩渗透性低且岩体强度大，对整体砾岩含水层渗透性几乎没有影响，然而其与碎屑砂岩的泥质胶结状态对砾岩含水层渗透性及溶质输运具有重要影响。铀矿含水层为致密砂岩及疏松砂岩混合岩层，砂岩微观孔隙、裂隙及宏观裂隙对其渗透性均具有重要影响。本章基于试验手段，对完整砂质泥岩、裂隙砂质泥岩及完整砂岩、裂隙砂岩、砾岩含水层多孔介质进行不同水力压力下应力—渗流试验。探究不同应力及水力压力下、不同几何特征的裂隙介质及多孔介质渗透性演化规律。

3.2 覆岩多孔介质、裂隙介质渗透性试验

3.2.1 试验样品

岩层岩体渗透试验，分别选取砂岩、砂质泥岩、砾岩含水层多孔介质进行渗透试验，研究裂隙、完整岩体状态下应力—渗流特征，具体试验样品如图3-1、图3-2所示。

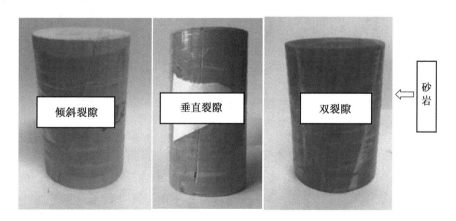

倾斜裂隙　　垂直裂隙　　双裂隙　　砂岩

图 3-1　岩层岩体介质

图 3-2　砾岩含水层多孔介质

3.2.2　试验设备

试验系统（图 3-3）的有效尺寸为 400 m×680 mm（直径×高），轴向施加的最大载荷为 600 kN，精度为 0.01 kN，加载压头的最大行程为 400 mm，精度为 0.01 mm；系统可施加最大水压为 4 MPa，精度达 0.15 L/h，采样间隔最小可达 10 次/s。将配好的模拟材料导入试验缸内，封闭缸体下部出水管，操作控制台液压控制轴向压头向模拟试件施加载荷至 100 kN，已达到压头与模拟试件充分接触，继而操作水压控制泵，向模拟试件施加水压至 0.2 MPa（图 3-4）。

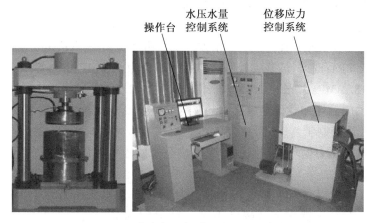

图 3-3　破碎岩石变形—渗流试验系统

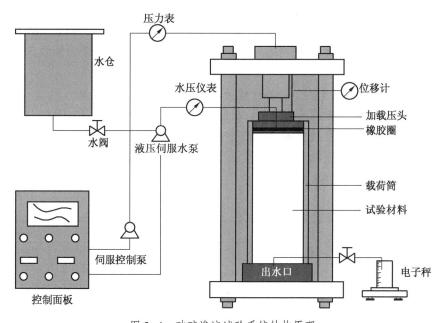

图 3-4　破碎渗流试验系统结构原理

3.2.3　试验方案及操作

3.2.3.1　裂隙岩体试验

（1）裂隙孔隙压力对岩体导水性的作用。其中砂质泥岩岩样控制外界应力为静水压力 6.5 MPa，进水口压力由 5.5 MPa 降低到 3 MPa，降低梯度为 0.5 MPa；砂岩岩样，控制外界应力为静水压力 36 MPa，进水口压力由 4.3 MPa 降低到 0.86 MPa，降低梯度为 0.86 MPa。

（2）外界应力环境对裂隙岩体导水性的作用。其中砂质泥岩岩样控制进口水头压力为 3.5 MPa，外界应力为静水压力，并由 4 MPa 增长至 6.5 MPa，增加梯度为 0.5 MPa；砂岩岩样，控制进口水头压力为 4.3 MPa，外界应力为静水压力，并由 18.5 MPa 增长至 36 MPa，增加梯度为 2.5 MPa。

（3）轴向循环加载研究煤层采动影响对裂隙岩体及新生裂隙导水性的作用。其中砂质泥岩控制围岩应力为 6.5 MPa，水头压力为 4.5 MPa，估计峰值强度为 58 MPa，轴向压力循环加卸载，首次加载至峰值的 60%（48 MPa），后续在上次加载值基础上加载峰值的 12%（9.6 MPa），每次循环卸载至峰值的 18%（14.4 MPa）；砂岩岩样，控制围岩应力为 36 MPa，水头压力为 4.3 MPa，轴向压力循环加卸载，首次加载幅度为第一峰值的 60%，后续加载幅度为峰值的 12%，每次循环卸载至峰值的 18%。

（4）不同围岩下应力重新分布对裂隙岩体导水性的影响。其中砂质泥岩岩样分四阶段进行围岩加载 7.3 MPa、8.3 MPa、9.3 MPa、10.3 MPa，各围压应力阶段进行相应加卸载渗流操作；砂岩岩样，分三个阶段进行围岩加载 38 MPa、40 MPa、42 MPa，各围压应力阶段进行相应加载渗流操作。

3.2.3.2 砾岩含水层多孔介质渗流试验

试验总体分为两类共计 6 组，材料属性及试验方案见表 3-1、表 3-2，分别探讨不同煤层开采厚度及上覆砾岩胶结程度下，应力场及渗透压随时间变动条件下裂隙场应变及渗流场渗透率演化过程。单样品试验分为 5 个加载步骤，每个加载步骤中对应 9 组孔隙压力。

表 3-1 多孔介质材料属性

岩层	砂砾岩			胶结物
材料	小砾岩	中砾岩	大砾岩	碎屑细砂
直径/mm	10~20	20~30	30~50	
密度/(kg·m⁻³)	2580.4	2744.7	2531.9	2090.4

表 3-2 多孔介质试验方案

组别	小砾岩/kg	中砾岩/kg	大砾岩/kg	碎屑细砂/kg	骨料比例
1	40	40	40	17.74	1:1:1
2	24	48	48	17.74	1:2:2

表3-2(续)

组别	小砾岩/kg	中砾岩/kg	大砾岩/kg	碎屑细砂/kg	骨料比例
3	17	52	52	17.74	1:3:3
4	13.4	53.3	53.3	17.74	1:4:4
5	13.4	53.3	53.3	30	1:4:4
6	13.4	53.3	53.3	36	1:4:4

（1）首先以20%的手动加载速率加载轴向压力至100 kN，使得压头与试件充分接触，然后以0.2 kN/S的加载速度进行自动加载至180 kN，并维持1.5 h左右。

（2）加载水头压力分别至0.2 MPa、0.4 MPa、0.6 MPa、0.8 MPa、1.0 MPa、1.2 MPa、1.4 MPa、1.6 MPa、1.8 MPa，并在对应孔隙压力下采用流量法测量对应渗透率。

（3）继续以0.2 kN/S的加载速度自动加载至350 kN、450 kN、500 kN、550 kN，同时对应轴向压力分别维持1.5 h左右，并依次重复步骤（2）。

3.2.4 试验原理及方法

3.2.4.1 裂隙岩体

为了便于分析和测试岩石的渗透率，认为渗透水为不可压缩流体，由于试验过程中流体渗透速度较小，假定渗透在应力—应变过程中符合达西定律。根据达西定律可以推导出渗透率计算公式为

$$k = \frac{\mu L V}{A \Delta P \Delta t} \qquad (3-1)$$

式中　　k——岩样的渗透率，m^2；

　　　　V——时刻渗流流体流入体积，m^3；

　　　　μ——水的动力黏滞系数，$\mu = 1 \times 10^{-3}$ Pa/s（$T = 20$ ℃）；

　　　　L——岩石的高度，m；

　　　　Δt——时间，s；

　　　　A——岩样的横截面面积，m^2；

　　　　ΔP——岩样两端渗透压差，Pa。

3.2.4.2 砾岩含水层多孔介质

由于砾岩含水层中多孔介质颗粒悬殊，流速较大，水头惯性力损失占较大比例，试验结果采用Forchheimer非达西流公式计算：

$$-J = Av + Bv^2 \qquad (3-2)$$

式中　　J——单位水头压差，MP/m；

　　　　A——非达西流系数，$A = \mu/k$，k为渗透率，m^2；

μ——运动黏度系数，Pa·s；

B——非达西流系数，$B = \beta / g$，β 为非达西流因数，m^{-1}；g 为重力加速度，m/s^2。

3.3 试验结果及分析

3.3.1 砂岩渗透性演化规律

3.3.1.1 水头压力及围压影响

岩体裂隙宽度与裂隙面法向有效应力及切向剪切应力相关，随水头压差增大（图3-5a），裂隙介质渗透率以指数函数形式增加，其中4~17.2 MPa/m 间缓慢增加，17.2 MPa/m 后快速增加，双裂隙介质对水头压差变动最为敏感，相同水头压差下渗透率几乎3倍于单裂隙介质，水头压差对完整砂岩几乎没有影响；随围压增大，一定水头压力下，有效应力逐渐增大，致使裂隙宽度减小导水性能降低，具体如图3-5b所示，其中双裂隙岩体渗透率变动趋势与单裂隙岩体基本一致，而渗透率4倍于单裂隙介质，完整砂岩渗透率对围压变动敏感性最低。

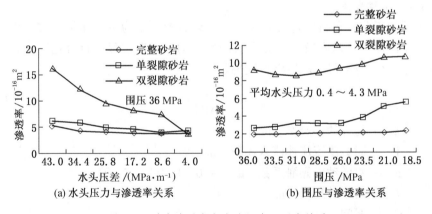

图3-5　砂岩渗透率与水头压力、围岩关系

3.3.1.2 轴向压力影响

为深入了解复杂应力条件下裂隙介质渗透性演化特征，进行循环加卸载下裂隙介质渗透率演化特征试验，具体结果如图3-6所示。

围压为36 MPa下，单裂隙岩体的轴向循环加卸载效应最为显著，其渗透率变动具有一定的历史记忆效应，相比单裂隙作用，双裂隙及完整砂岩渗透率在循环加卸载下基本保持一致的下降趋势，出现渗透率整体降低现象，历史记忆效应显著；裂隙介质岩体位于峰值前后时，在一定围压下，单裂隙及双裂隙岩

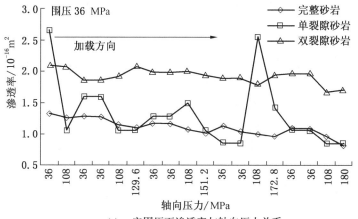

(a) 一定围压下渗透率与轴向压力关系

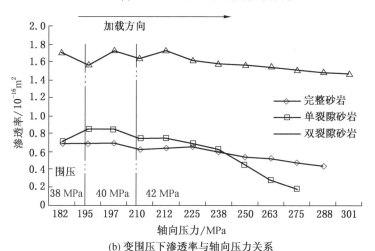

(b) 变围压下渗透率与轴向压力关系

图 3-6 裂隙砂岩渗透性与应力关系

体对轴向压力增大，出现一定波动，42 MPa 围压下呈降低趋势，而单裂隙对轴向加载更为敏感，对于完整砂岩而言，其渗透率基本呈平稳降低趋势。不同应力作用下，裂隙砂岩及完整砂岩变动情况表明，应力变动对岩体基质导水能力影响较小，对裂隙岩体介质影响显著，并且双裂隙岩体渗透率变动为单裂隙岩体介质的 3~4 倍。

3.3.2 砂质泥岩渗透性演化规律

3.3.2.1 水头压力及围压影响

图 3-7a 反映出单裂隙砂质泥岩及多裂隙砂质泥岩随水头压力变动，出现等效渗透率响应。研究表明，砂质泥岩单裂隙导水性与裂隙贯通程度相关，裂隙

贯通程度主要受基于有效应力的岩样形变、岩样吸水膨胀变形所致使的裂隙宽度变动、裂隙完全接触面积、非接触面孔隙连通性隙影响。进水口孔隙水压由 3 MPa 以 0.5 MPa 的增长梯度增至 5.5 MPa 的过程中，砂质泥岩原岩样整体渗透性基本保持不变，相比而言，如图 3-7a 所示，单裂隙砂质泥岩与多裂隙砂质泥岩渗透率均随水头压力增大而增加，小于 4.5 MPa 水头压力时，其渗透率增长率分别为 $0.63×10^{-19}$ m²/MPa、$0.33×10^{-17}$ m²/MPa；$4.5 \sim 5.5$ MPa 间渗透率增长率有所波动，但仍保持增长趋势。围压小于 6.5 MPa 时，单裂隙砂质泥岩渗透率与原岩样相差较小，并约低两个级别于多裂隙砂质泥岩，说明单裂隙砂质泥岩吸水膨胀变形影响裂隙宽度、裂隙接触面积及裂隙面空隙贯通性，同时裂隙闭合也受基于有效应力的岩样形变影响；裂隙岩体介质初始闭合状态的单裂隙裂隙宽度及多裂隙数量对渗透率具有重要影响。

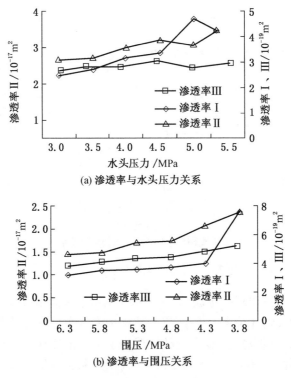

图 3-7　砂质泥岩渗透性与水头压力、围压关系

水头压力为 3.5 MPa 时，完整砂质泥岩渗透性基本不随围压增长而变动，围压为 $3.8 \sim 6.3$ MPa 时，单裂隙、多裂隙砂质泥岩渗透率降低较快，随后降低速度放缓；单裂隙及多裂隙砂质泥岩渗透率与围压关系符合指数函数 $k =$

28

$k_0 \exp[-\gamma(\sigma - \sigma_0)]$ 及幂函数 $k = a\sigma^{-b}$；不同围压状态下，单裂隙、多裂隙砂质泥岩均具有较低的渗透率，相比多裂隙砂质泥岩渗透率，单裂隙砂质泥岩渗透率低两个级别，说明岩样吸水膨胀变形对裂隙导水宽度具有一定影响，主要受基于有效应力的岩样变形影响。

3.3.2.2 轴向压力影响

图 3-8a 反映出单裂隙砂质泥岩具有一定的历史记忆效应，而多裂隙砂质泥岩历史记忆效应不明显，在整体加卸载循环过程中，完整砂质泥岩渗透率大小维持在 10^{-19} m²，基本不出现大幅度变动，说明复杂应力条件下，裂隙数量对岩体导水能力产生重要影响；单裂隙砂质泥岩与完整泥岩渗透率维持在同一个级别，说明基于时间效应的岩样吸水膨胀变形对复杂应力作用下的导水裂隙宽度具有重要影响，主要表现为初始膨胀变形增大了裂隙有效接触面积，降低了非接触面空隙连通性，裂隙导水性降低。

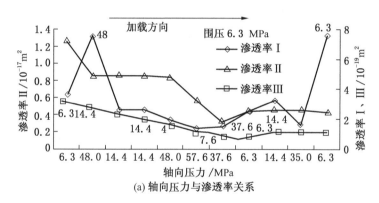

(a) 轴向压力与渗透率关系

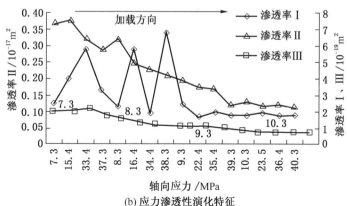

(b) 应力渗透性演化特征

图 3-8 裂隙砂质泥岩渗透率与轴向压力关系

由图 3-8b 可知，塑性阶段，砂质泥岩裂隙宽度所具有的历史记忆效应对裂隙导水性影响较大，孔隙压为 4.5 MPa，围岩由 7.3 MPa 以 1 MPa 的增长梯度逐渐至 10.3 MPa 过程中，单裂隙砂质泥岩渗透率呈下降趋势，其中围压在 7.3~9.3 MPa 范围时，渗透率下降速率基本不变，围压为 10.3 MPa 时渗透率基本无关于加卸载应力状态；相比单裂隙砂质泥岩，多裂隙砂质泥岩历史记忆效应较小，在围压为 7.3~8.3 MPa 时，其渗透率紧密相关于加卸载应力状态，9.3~10.3 MPa 围压下，渗透率演化特征具有一定的记忆效应，同时与加卸载应力状态的相关性下降。

3.3.3　膨胀性矿物对裂隙岩体渗透性影响

3.3.3.1　砂质泥岩膨胀规律

随时间增长，砂质泥岩吸水量膨胀率呈前期快速增加，4 h 后缓慢增长趋势，整体变动规律与文献 [137] 基本一致，符合 $\varepsilon_i = \varepsilon_\infty(1 - e^{kt})$ 变化规律；高岭土含量越高，则膨胀速度及最终膨胀率越大，如图 3-9 所示，45.73% 高岭土含量的砂质泥岩最终膨胀稳定时间大于 4 h，膨胀率达到 2%；21.22% 和 15.06% 高岭土含量的砂质泥岩膨胀稳定时间为 2 h 左右，最大膨胀率分别为 1% 和 0.5%；砂质泥岩粗糙裂隙面间存在膨胀变形，两相对裂隙面通过有效接触面的形式进行应变传递，降低裂隙中有效连通性空隙，最终降低裂隙导通性。

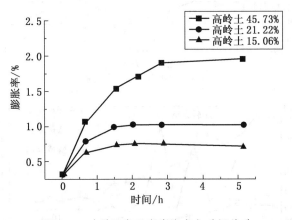

图 3-9　砂质泥岩吸水膨胀率与时间关系

膨胀岩石膨胀率与应力关系方面，文献 [142~145] 中做了自由膨胀、侧限膨胀及三轴膨胀试验，其中杨庆运用三轴膨胀试验进行研究，提出一种体积膨胀率本构方程：

$$\varepsilon = 3.6083 + 10.1688 \cdot \frac{W}{\sigma} - 1.1451 \cdot \ln\sigma \qquad (3-3)$$

其通式为

$$\varepsilon = A + B \cdot \frac{W}{\sigma} - C \cdot \ln\sigma \tag{3-4}$$

式中 A、B、C——材料的膨胀特性常数。

在本构关系中，W/σ 项表示膨胀应变与应力成反比，与吸水量成正比，并可模拟当应力减小，吸水量增大时，膨胀应变急剧增大的这种现象；$\ln\sigma$ 项作为补充项（C 值相对较小），体现了膨胀应变与应力成对数线性关系的这一特性；当应力保持一定时，应变随含水量的增加而增大，式（3-4）计入了含水量的因素，这是更符合实际情况的。

3.3.3.2 膨胀矿物对裂隙宽度的影响

由裂隙介质渗透试验可知，应力状态对裂隙渗透率具有重要影响，同时裂隙数量影响不同应力状态下岩体渗透性，相同应力状态下，裂隙数量越多则渗透性越大；对比应力及裂隙数量对砂质泥岩、砂岩渗透性影响，可知砂质泥岩中膨胀性矿物对裂隙宽度变动具有重要影响，相同应力状态下，膨胀性矿物含量越多，则裂隙宽度变动幅度越大，主要表现为裂隙中有效接触面积增大，裂隙空隙连通性降低，渗透率各向异性增大。Yeo 基于 Zimmerman and Bodvarsson 的等效导水裂隙宽度成果，研究非渗透性裂隙接触面情况下裂隙导水性数值模拟，进一步修正了 Zimmerman and Bodvarsson 本构模型中接触面项对整体裂隙导水性的作用，增大了非渗透性裂隙接触面积的影响：

$$e_h = \langle e \rangle \left[1 - 1.5 \left(\frac{S}{\langle e \rangle} \right) \right]^{1/3} (1 - 2.4c)^{1/3} \tag{3-5}$$

式中 e_h——渗流裂隙宽度；

$\langle e \rangle$——裂隙宽度；

S——裂隙宽度标准差；

c——有效接触面积。

Chen 根据裂隙导水宽度影响因素，采用云点匹配法结合渗流试验，具体研究了裂隙宽度、裂隙面接触面积、裂隙面连通性对等效裂隙导水宽度的作用，并得出相应的本构模型：

$$e_h = e_m (1 - 1.1\omega)^4 \left(1 + \frac{2}{D_\Delta^*} \right)^{3/5} \tag{3-6}$$

式中 ω——有效接触面积；

D_Δ^*——分形维数。

由式（3-6）可以看出，导水裂隙宽度与分形数及有效接触面积负相关，与裂隙宽度 e 正相关。基于裂隙砂质泥岩膨胀性试验可知，砂质泥岩裂隙面遇水膨胀，会增加裂隙面有效接触面积，进而降低裂隙导通性。因此一般情况下，相同裂隙宽度下，粗糙裂隙砂质泥岩导水性差，渗透系数低。

3.3.4 多孔介质渗流试验结果及分析

3.3.4.1 不同载荷及水头压力作用下多孔介质渗透性演化规律

水头压力损失主要由黏滞力及惯性力引起的能量损失构成，其中惯性力损失与孔隙介质、裂隙介质的内部复杂结构及流体的流动速度有很大关系。因此砾岩含水层渗透特性与多孔介质孔隙度、孔隙大小、孔喉、曲折度等材料属性密切相关，同时还涉及渗流速度、动力黏度系数等参数。其中 Forchheimer 常数 F_0 及非达西流效应 E 常被作为确定多孔介质及裂隙介质中非达西流阈值。图3-10 中显示 F_0 处于 0.247~3.88，对应 E 为 0.198~0.795，表明不同组分砾岩含水层多孔介质在外力扰动下内部结构产生了重要变化。依据文献［30］（将 F_0 为 0.11 确定为达西流阈值）可判定试验中多孔介质流体为非达西流流体。

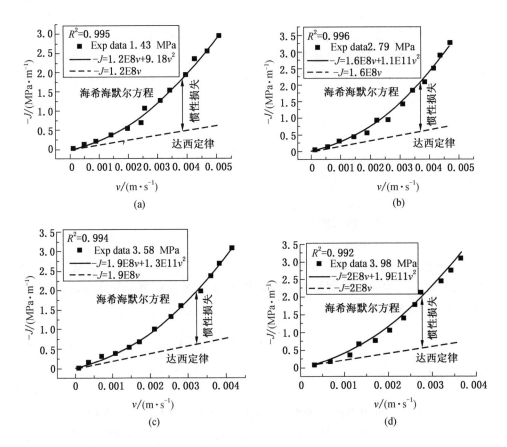

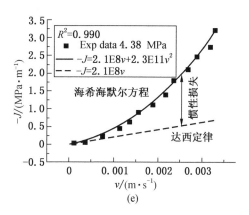

图 3-10　渗流速度与单位水头压力关系

3.3.4.2　砂、砾岩粒径大小对砾岩含水层渗透性的影响

多孔介质属性（即孔隙度、颗粒大小等）对渗透特性产生重要影响。图 3-11、图 3-12 反映出多孔介质颗粒大小对渗透率系数 k 及非达西流系数 β 的具体影响。具体研究对象分为 4 组，分别为组 1、组 2、组 3、组 4，对应材料配比为 1:1:1[砂岩（小）：砾岩（中）：砾岩（大），后同]，1:2:2、1:3:3 及 1:4:4，平均颗粒大小依据文献 [152] 计算方式分别为 26.7 mm、29 mm、30 mm 及 30.6 mm。

由图 3-11 可知，固定砂岩颗粒大小为 2 mm，多孔介质颗粒大小 26.7~30.6 mm，得到渗透率系数 k 正相关于多孔介质颗粒大小；整体相关性由平滑曲线代表，其拐点分布在 29 mm。渗透率最大值出现在组 4 中平均颗粒半径 30.6 mm 在 1.43 MPa 下的 1.09×10^{-11} m²，最小值为组 1 中平均颗粒半径 26.7 mm 在 4.38 MPa 下的 3.847×10^{-12} m²。

图 3-12 反映出非达西流因子 β 负相关于砾岩含水层中砾岩颗粒平均大小，具体关系呈负指数型；另外，考虑应力、颗粒大小、孔隙度综合作用，非达西流因子出现在组 1 中，具体数值为 2.98 m⁻¹，对应应力状态为 4.38 MPa，砾岩平均粒径 26.7 mm；非达西流因子最小值为 0.918 m⁻¹，位于组 4 中，对应应力状态为 1.43 MPa，粒径大小为 30.6 mm。

3.3.4.3　砂、砾岩组分比例对渗透性的影响

依据砾岩含水层渗流介质几何及水文地质状况，砾岩含水层模拟混合材料与传统单一组分或多组分多孔介质在几何参数及水利地质方面有所差别。因此试验用多孔介质颗粒及孔隙大小对 Forchheimer 系数 k 及 β 的影响可能不同于常规单一多孔介质，然而砾岩含水层仍属于多孔介质范畴，因此仍具有多孔介质

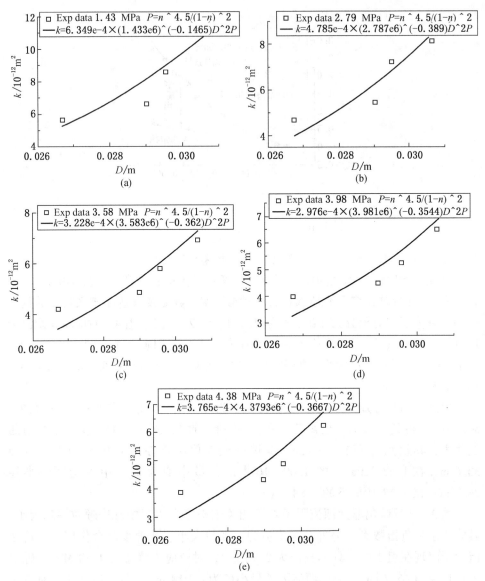

图 3-11　多孔介质渗透率与砾岩含水层颗粒大小关系

相关属性。

　　依据试验观测，整体试验过程中砾岩颗粒及砂岩基本保持完整，因此砾岩含水层介质内部结构变动基本由砾岩颗粒及砂岩在外力作用下运动构成，并最终导致 k 及 β 变动。试验中组 4、组 4-1、组 5 及组 6 归结为一类，各组保持一致的砾岩颗粒大小，控制砂岩颗粒质量，以研究初始孔隙度在不同应力作用下

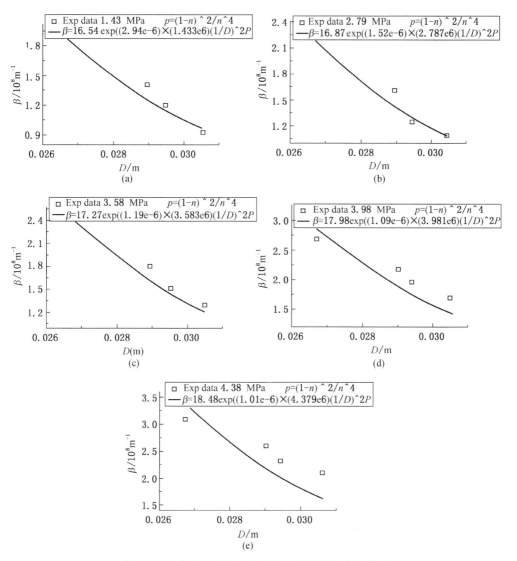

图 3-12 非达西流因子与砾岩含水层颗粒大小关系

对 k 及 β 的影响。

如图 3-13 所示，1.43~4.38 MPa 应力范围内，k 值随孔隙度降低而呈下凹型平滑减小，并在孔隙度较小处变动较小，孔隙度较大处表现为较大变动率。渗透率 k 最大值出现在 1.43 MPa 应力状态下孔隙度为 0.283 的组 4 中，具体为 8.33×10^{-12} m²；其最小值出现在 3.98 MPa 应力状态下孔隙度为 0.182 的组 6 中，对应大小为 1.02×10^{-11} m²。相比而言，渗透率 k 与砾岩含水层应力状态负相关。

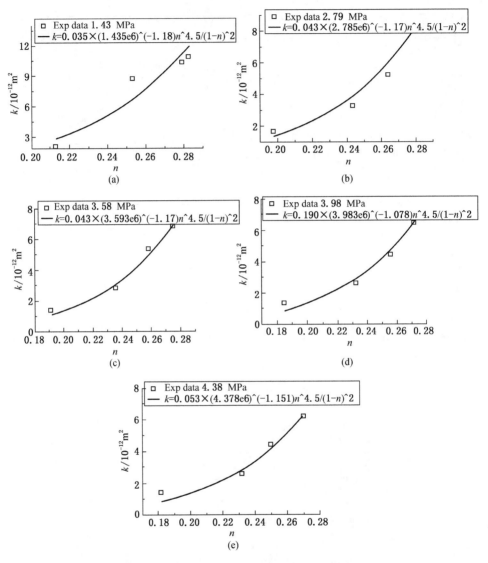

图 3-13　多孔介质非达西流因子与孔隙度关系

图 3-14 反映出相比渗透系数 k 与孔隙度间正相关的关系，不同应力状态下的 β 值与孔隙度呈负相关，其中低孔隙度下 β 下降率较大，高孔隙度下 β 值下降率较小。组 6 中在 550 kN 作用下，砾岩含水层介质孔隙度为 0.182，对应 β 值达到最大值 1.3×10^9 m^{-1}。β 最小值为 9.18×10^7 m^{-1}，出现在 1.43 MPa 应力状态下孔隙度为 0.283 的组 4 中。β 值正相关于砾岩含水层应力大小。

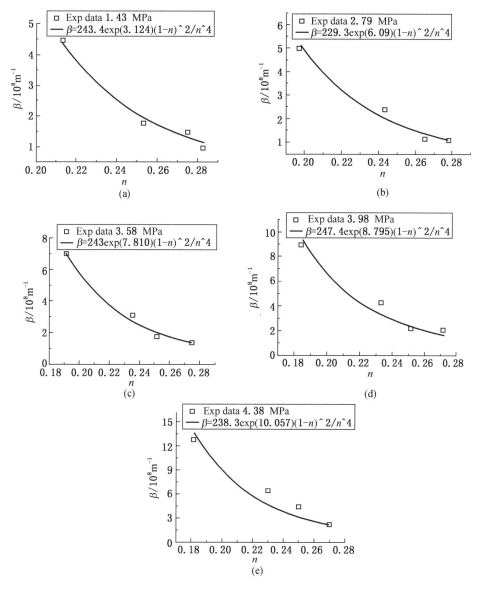

图 3-14 多孔介质非达西流因子与孔隙度关系

不同应力状态、颗粒比、砂粒体积分数下，砾岩含水层多孔介质呈现不同的渗流状态。结果表明应力通过调整多孔介质中孔隙大小、孔隙形状、孔隙曲折度，来改变多孔介质中导水通道数量及大小；其中，在楔形效应及墙体效应作用下，骨料颗粒及胶结介质的运移有效改变了砾岩含水层的孔隙大小、形状及曲折度；应力增加引起细砂楔形效应，细砂颗粒逐渐移向骨料颗粒形成的空隙空间内充填密实空隙，降低多孔介质中楔形及墙体效应，多数连通性孔隙介质通道被封堵，整体导水路径降低，最终体现为多孔介质渗透性降低。由于骨料颗粒及细砂介质强度高渗透率低，因此一般应力作用下，砾岩含水层导水性能主要通过骨料颗粒及细砂介质运移对其多孔介质渗流通道产生影响，具体表现为：随应力增加砾岩含水层多孔介质密度增加，导水性降低，然而当应力增加至一定大小后，多孔介质密度及导水性维持稳定。应力继续增加，则出现骨料破碎效应，导致多孔介质微型导水通道增加，在较低水力压力下，水流对破碎微粒及细砂粒输运作用低，新增导水通道维持稳定，增加多孔介质整体导水性，较高水力压力下，破碎微粒及细砂粒随水流移动现象明显，封堵多孔介质微型导水通道，降低多孔介质整体导水性。

3.4 小结

利用耦合水力试验机进行了砂岩、砂质泥岩完整岩样及裂隙岩样渗透性试验，通过吸水饱和进行了裂隙砂质泥岩自由膨胀性试验，最后通过破碎岩石渗流系统对砾岩含水层多孔介质中流体状态及渗流特征进行了具体研究，得出以下结论：

（1）完整及裂隙砂岩介质均具有较高的渗透性，其中裂隙砂岩对水头压力、围压状态具有较高的敏感性，具体水头压力增大，围压降低状态下裂隙砂岩透水能力增加，反之则减小，变动幅度为 4 倍左右；相同条件下，双裂隙砂质渗透性一般 2~4 倍于单裂隙砂岩，进行一定围压下砂岩加卸载试验，单裂隙具有较显著的历史记忆效应，而双裂隙及完整砂岩历史记忆效应不显著，渗透率随轴向加卸载上下波动。

（2）相比砂岩渗透性，砂质泥岩渗透性显著降低，其中单裂隙砂质泥岩与完整砂质泥岩具有相似的应力效应，且大小接近，而多裂隙砂质泥岩渗透性悬殊于单裂隙及完整砂质泥岩；一定围压状态下，单裂隙、多裂隙砂质泥岩随轴向加卸载变动而变动的趋势基本一致，均具有一定的历史记忆效应；变动围压状态下，轴向加卸载，单裂隙砂质泥岩渗透性变动幅度明显，整体呈现下降状态，而多裂隙砂质泥岩基本保持下降趋势。

（3）自由饱和吸水试验下，砂质泥岩出现吸水膨胀现象，且不同高岭土含量的砂质泥岩，膨胀变形速度及最终膨胀率不同，整体呈膨胀性矿物含量越高，最终膨胀率越大，膨胀变形持续时间越长。

（4）砾岩含水层多孔介质渗流试验中，在渗流速度及多孔介质孔隙度较大情况下，流体呈非达西流状态，并且非达西流中 k 及 β 值相关于多孔介质初始孔隙度、多孔介质颗粒大小及应力状态；应力分别以幂函数及指数型函数形式负相关于 k、正相关于 β，低应力作用下的输运效应和高应力作用下的破碎效应减小了砾岩含水层中贯通性孔隙大小及数量，引起特征参数 k 及 β 的变动；渗透率 k 及非达西流因数 β 分别以指数形式正相关于及负相关于砾岩含水层孔隙度及颗粒大小。

（5）由应力状态与多孔介质成分相互作用而呈现的墙体及楔形效应出现在砾岩含水层渗流中。砾岩含水层应力通过调整砾岩及砂岩赋存位置降低渗流通道贯通性，弱化砾岩含水层中墙体效应及楔形效应；砾岩含水层组分构成对 k 及 β 值大小具有重要影响，其中小砾岩颗粒与大体积分数砂岩组合相比大砾岩颗粒与小体积分数砂岩组合对砾岩含水层应力变动更为敏感。

4 多场耦合模型及数值模拟

4.1 引言

岩层采动将扰动原岩应力场,诱发裂隙场发育,同时裂隙场空间发育状况对渗流场空间分布及溶质输运产生重要影响。因此试验研究地层应力变动状况下不同覆岩应力—裂隙—渗流场时空耦合特性,并建立对应耦合模型,可为复杂地质扰动下,实际工程中裂隙场空间发育及渗流场溶质转移规律的探究提供理论基础。低流速下,多孔介质或裂隙介质中流体呈现达西流状态;流体速度较大时,对应复杂内部结构的孔隙、裂隙介质流体呈现出非达西流状态。煤铀采动将引起砾岩含水层及砂质泥岩层的复杂变化,形成复杂的水体渗流环境,因此达西流定律不能较好地描述扰动状态下的地下流体流动状态,因此应采用非达西流进行多孔介质及裂隙介质中多场耦合特征研究。本章建立多孔介质应力—渗流、裂隙介质应力—渗流的非达西流耦合模型,并进一步结合 FLAC3D-CFD 流固化模拟器进行数值模拟,探索煤岩采动扰动介质的应力—裂隙—渗流及溶质输运规律。

4.2 载荷与非达西流渗透系数关系

试验结果表明,适用于达西流的渗透系数—应力幂函数模型依然适用于非达西流。如图 4-1a 所示,随应力增大,多孔介质内部结构逐渐被改变并降低流通导通能力,表现为渗透率降低,具体渗透率在 1.43~3.58 MPa 应力间呈较大幅度降低趋势,即由 1.09×10^{-11} m^2 降至 6.884×10^{-12} m^2,对应 3.58~4.38 MPa 应力状况,渗透率仅在同一级别 $6.884 \times 10^{-12} \sim 6.2286$ m^2 范围内变动;说明在应力作用下多孔介质密度逐渐增大,同时内部孔隙介质对应力敏感性逐渐降低。同时非达西流因子随应力增加呈逐渐增长趋势,由非线性拟合结果可知指数型应力—非达西流因子模型可表达非达西流因子与应力间关系,具体应力条件在 1.48~4.38 MPa 变动时,非达西流因子变动范围为 $9.18 \times 10^7 \sim 2.38 \times 10^8$ m^{-1},并在 3.58~4.38 MPa 应力范围内表现出对应力的显著敏感性,试验结果与 Ghane 和 Geertsma 中 $\beta = 1.9 \times 10^{-8} gk^{-1.8}$ 及 $\beta = k^{-0.5} n^{-5.5}$ 模型结果一致。试验结果表明,渗透率 k 与非达西流因子 β 对应力作用下多孔介质内部结构变动具有相反的反应效果，渗透率 k 及非达西流因子 β 的变动共同表征了水头压力损失。

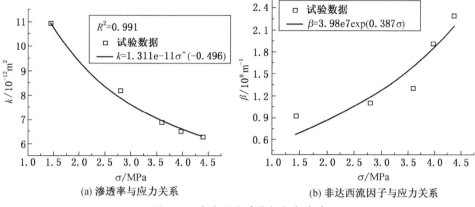

(a) 渗透率与应力关系　　　　　(b) 非达西流因子与应力关系

图 4-1　非达西流系数与应力关系

4.3　载荷与孔隙度关系

以组 4 为例，当轴向压力由 1.43 MPa 增至 4.38 MP 过程中，孔隙度由 0.283 降低至 0.27；基于组 1~组 6 的试验观测，可知基于应力作用的骨料颗粒间孔隙压缩及细砂运移充填作用是导致孔隙度降低的主要原因，说明砾岩承压含水层渗流特征与地应力密切相关（图 4-2）。

4.4　裂隙介质及多孔介质渗透率模型

4.4.1　达西流模型

根据理论研究及试验结果，应力作用下变动介质变动孔隙度，孔隙形状及曲折度等对岩石介质动态渗透率具有重要影响。

基于应力—孔隙度模型，建立流固耦合模型，用于表达采动裂隙场渗透率

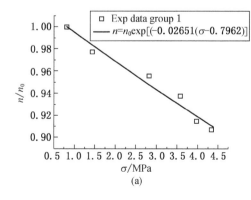

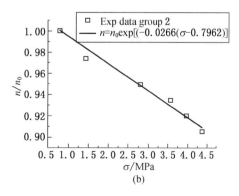

(a)　　　　　　　　　　　　　(b)

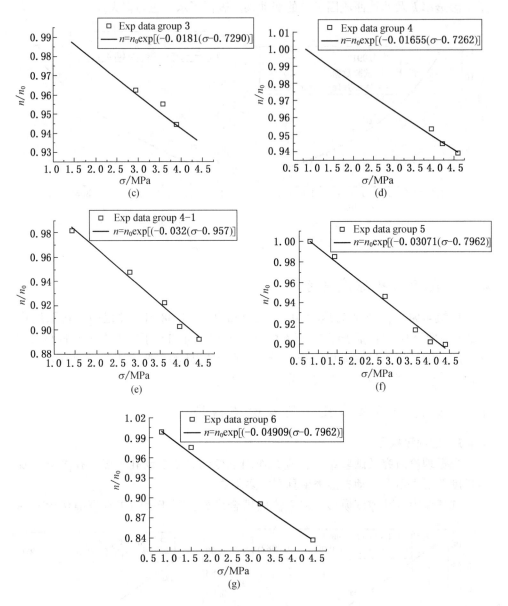

图 4-2 多孔介质应力与孔隙度关系

动态变动过程，其中渗透率与孔隙度间关系具体如下：

$$\frac{k_{ij}}{(k_0)_{ij}} = \left(\frac{n}{n_0}\right)^{m\delta_{ij}} \tag{4-1}$$

式中 $(k_0)_{ij}$、n_0——初始渗透率张量及初始孔隙度，依据相关文献，$(k_0)_{ij}$、n_0 分别为 2.44×10^{-11} 和 0.44；

$\quad\quad k$、n——t 时刻的渗透率及孔隙度；

$\quad\quad \delta_{ij}$——克罗内克符号；

$\quad\quad m$——孔隙度系数，依据相关研究其值取 2。

基于试验研究结果，基于应力作用下的采动裂隙场孔隙度变动模型具体如下：

$$n= a(\sigma_{ij}\delta_{ij} - p\delta_{ij})^{-b} - 1 \tag{4-2}$$

式中 $\quad\sigma_{ij}$——应力张量；

$\quad\quad p$——流体压力；

$\quad\quad a$、b——拟合参数，对应 $i=j=3$ 情况，分别取 1.47 及 0.081。

基于应力作用下渗透率变动模型，结合 FLAC3D-CFD 流固耦合模拟器，采场流固耦合模型具体如下：

$$\begin{cases} k_{ij}\left(\dfrac{\partial^2 H}{\partial x^2} + \dfrac{\partial^2 H}{\partial y^2} + \dfrac{\partial^2 H}{\partial z^2}\right) + Q(x_0,\ y_0,\ z_0)= S\dfrac{\mathrm{d}H}{\mathrm{d}t} + R\dfrac{\mathrm{d}\sigma_{ij}}{\mathrm{d}t} \\[2mm] \sigma_{ij}= D_{ijkl}B_{kl}u_k + \delta_{ij}P \\[2mm] k_{ij}= (k_0)_{ij}\left(\dfrac{n}{n_0}\right)^2 \\[2mm] n= \alpha(\sigma_{ij}\delta_{ij} - p\delta_{ij})^{-b} - 1 \\[2mm] S= \rho g\{\beta n + \alpha[1 - n]\} \end{cases} \tag{4-3}$$

式中 $\quad H$——流体水头；

$\quad\quad Q$——源项；

$\quad\quad S$——储蓄系数；

$\quad\quad R$——岩石压缩系数；

$\quad D_{ijkl}$——弹性张量；

$\quad\quad \rho$——流体密度；

$\quad\quad g$——重力加速度；

$\quad \alpha$、β——相关性系数；

$\quad\quad u_k$——岩体位移张量；

$\quad\quad B_{kl}$——几何张量。同时饱和岩体与干燥岩体岩体力学性质存在一定差异。

4.4.2 非达西流模型

$$- J = Av + Bv^2 \tag{4-4}$$

$$- J = \lambda v^{\omega} \tag{4-5}$$

$$k = k_0 \exp[-\gamma(\sigma - \sigma_0)] \qquad (4-6)$$

$$k = a\sigma^{-b} \qquad (4-7)$$

式中 A、B——非达西流因素，并在非达西流 Forchheimer 方程理论分析及数值模拟应用方面具有重要作用。

充分考虑多孔介质粒径及孔隙度对非达西流因数 A、B 影响下，Blick、Fand 和 Thinakaran、Kadlec 和 Wallace、Kienitz、Sidiropoulou、Ward 等对此做了大量研究，其中 Ward 利用 20 种不同多孔介质进行了具体试验研究，A 与 B 值具体表达式如下：

$$A = \frac{360\mu}{\rho g d^2} \qquad (4-8)$$

$$B = \frac{10.44}{gd} \qquad (4-9)$$

式中 d——颗粒半径。

随后 Ergun 等在 Kozeny-Carman 模型基础上，同时考虑颗粒半径及多孔介质孔隙度，得出如下表达式：

$$A = \frac{150\mu(1-n)^2}{\rho g n^3 d^2} \qquad (4-10)$$

$$B = \frac{1.75(1-n)}{gn^3 d} \qquad (4-11)$$

式中 n——多孔介质孔隙度。

随后众多学者在考虑多孔介质孔隙度影响下，相继进行了相关性研究。

4.4.2.1 非达西流因数 β 与应力关系

考虑到有效应力对孔隙度影响指数型函数模型得到了众多研究的肯定，其中代表性形式如下：

$$n = n_0 \exp(-\tau\sigma) \qquad (4-12)$$

式中 τ——有效应力系数。

在后期的研究中，Huang 提出了基于孔隙度的 β 模型：

$$\beta = hn^{-\xi} \qquad (4-13)$$

式中 h、ζ——多孔介质及指数型系数。

基于上述研究，结合式（4-12）与式（4-13），可知 β 模型可用下式表达：

$$\beta = \eta \exp(c\sigma) \qquad (4-14)$$

式中 η——多孔介质属性参数；

c——应力敏感性参数。

44

4.4.2.2 k、β 及渗流模型

结合式（4-4）、式（4-6）及式（4-7），并统一量纲，可以发现 k 及 β 大小受到多孔介质颗粒半径及孔隙度影响。因此结合式（4-4）、式（4-6）、式（4-7）及式（4-14），k 及 β 模型可表达为下述形式：

$$k = f(\sigma)f(n)f(D) = a_0 \frac{n^{\zeta_2}}{(1-n)^{\zeta_3}}(D)^{\zeta_1}(\sigma)^{-m} \tag{4-15}$$

或

$$k = c_0 \frac{\exp[\gamma(\sigma - \sigma_0)]n^{\zeta_2}}{(1-n)^{\zeta_3}}(D)^{\zeta_1} \tag{4-16}$$

$$\beta = f(\sigma)f(n)f(D) = b_0\exp(c\sigma)\frac{(1-n)^{\zeta_5}}{n^{\zeta_6}}(D)^{-\zeta_4} \tag{4-17}$$

式中　　a_0、b_0、c_0——多孔介质属性参数，分别代表孔形状、颗粒大小、孔喉、曲折度作用；

$\quad\quad\quad\zeta_1$、ζ_4——颗粒直径因数；

$\quad\quad\quad\zeta_2$、ζ_3、ζ_5、ζ_6——孔隙度因数；

$\quad\quad\quad m$——应力因数。

考虑上述 k 模型［式（4-15）、式（4-16）］及 β 模型［式（4-17）］，非达西流渗流模型表达如下：

$$v = \frac{2|-J|}{A + \sqrt{A^2 + 4B|-J|}} \tag{4-18}$$

$$A = \frac{\mu}{k} = a\mu \frac{(1-n)^{\zeta_3}}{n^{\zeta_2}}\left(\frac{1}{D}\right)^{\zeta_1}(\sigma)^{-m} \tag{4-19}$$

或

$$A = a_0\mu \frac{(1-n)^{\zeta_3}}{\exp[\gamma(\sigma - \sigma_0)]n^{\zeta_2}}\left(\frac{1}{D}\right)^{\zeta_1} \tag{4-20}$$

$$B = \beta\rho = b_0\rho\exp(c\sigma)\frac{(1-n)^{\zeta_5}}{n^{\zeta_6}}(D)^{-\zeta_4} \tag{4-21}$$

4.4.2.3 非达西流判别准则

由于多孔介质非达西流判别标准对理论研究及现场工程具有重要意义，众多学者对此做了深入研究。通常雷诺系数 Re 及 Forchheimer 系数 F_0 可有效描述达西流到非达西流的转变，其中雷诺系数 Re 表达式如下：

$$Re = \frac{\rho\theta v}{\mu} \tag{4-22}$$

式中　θ——多孔介质特征长度。

为研究方便，随后 Ma 和 Ruth(1993) 定义了新的判别标准，即 Forchheimer 系数，为惯性力作用与黏性力作用的比值：

$$F_0 = \frac{k\beta\rho\upsilon}{\mu} \qquad (4-23)$$

比较雷诺系数表达式，Forchheimer 系数具有明确的定义及物理意义，同时具有广泛的工程应用价值。进一步结合式（4-15）、式（4-16）和式（4-17），可理论推导出包括颗粒半径、孔隙度及应力的 F_0 函数模型：

$$F_0 = f\exp(c\sigma)\frac{\rho\upsilon(1-n)^{\zeta_5-\zeta_3}}{\mu n^{\zeta_6-\zeta_2}}(D)^{\zeta_1-\zeta_4}(\sigma)^{-m} \qquad (4-24)$$

式中 f——属性参数。

作为惯性力与整体水力梯度损失的比值，非达西流影响系数 E 表达式如下：

$$E = \frac{\beta\rho\upsilon^2}{-J} \qquad (4-25)$$

将式（4-4）和式（4-25）代入式（4-23），由 F_0 模型可有效表达 E 函数，具体如下：

$$E = \frac{F_0}{1+F_0} \qquad (4-26)$$

众多研究对 F_0 临界值对应 E 值，给出了具体数值。

4.5 非达西流多孔介质模型验证

拟合结果表明，预测模型结果与组 2 试验结果在应力为 1.43 MPa、2.79 MPa、3.58 MPa、3.98 MPa、4.38 MPa 作用下比值分别为 1.028、1.014、1.012、1.023、1.016，表明模型预测效果较好；同样在组 1～组 4 中模型具有较好的预测结果，具体预测结果与试验结果均接近 1；除组 6 中 1.43 MPa 及组 5 中 3.98 MPa、4.38 MPa 应力下模型预测值较大外，其余应力条件下模型预测结果仍可接受（图 4-3）。

4.6 加载破坏过程及组分压实过程渗流—溶质输运模拟

4.6.1 输运方程

流体中物质动态运动主要由对流运动、扩散及流体与固体间各向异性化学反应控制。对于赋存环境较浅（600 m 左右），孔隙度较大的疏松砂岩铀矿介质，物质的对流输送运动占据主导地位。

物质质量守恒方程表达如下：

对融溶液体物质：

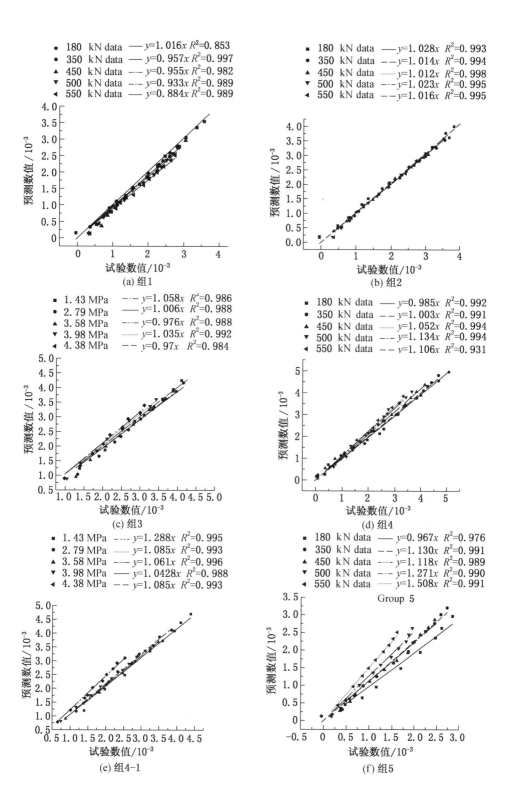

■　180　kN data　——　$y=1.016x$　$R^2=0.853$
●　350　kN data　——　$y=0.957x$　$R^2=0.997$
▲　450　kN data　—·—　$y=0.955x$　$R^2=0.982$
▼　500　kN data　—··—　$y=0.933x$　$R^2=0.989$
◄　550　kN data　——　$y=0.884x$　$R^2=0.989$

■　180　kN data　——　$y=1.028x$　$R^2=0.993$
●　350　kN data　——　$y=1.014x$　$R^2=0.994$
▲　450　kN data　·····　$y=1.012x$　$R^2=0.998$
▼　500　kN data　—·—　$y=1.023x$　$R^2=0.995$
◄　550　kN data　——　$y=1.016x$　$R^2=0.995$

(a) 组1

(b) 组2

■　1.43 MPa　—·—　$y=1.058x$　$R^2=0.986$
●　2.79 MPa　——　$y=1.006x$　$R^2=0.988$
▲　3.58 MPa　—·—　$y=0.976x$　$R^2=0.988$
▼　3.98 MPa　·····　$y=1.035x$　$R^2=0.992$
◄　4.38 MPa　——　$y=0.97x$　$R^2=0.984$

■　180　kN data　——　$y=0.985x$　$R^2=0.992$
●　350　kN data　——　$y=1.003x$　$R^2=0.991$
▲　450　kN data　·····　$y=1.052x$　$R^2=0.994$
▼　500　kN data　—··—　$y=1.134x$　$R^2=0.994$
◄　550　kN data　——　$y=1.106x$　$R^2=0.931$

(c) 组3

(d) 组4

■　1.43 MPa　····　$y=1.288x$　$R^2=0.995$
●　2.79 MPa　·····　$y=1.085x$　$R^2=0.993$
▲　3.58 MPa　—·—　$y=1.061x$　$R^2=0.996$
▼　3.98 MPa　——　$y=1.0428x$　$R^2=0.988$
◄　4.38 MPa　——　$y=1.085x$　$R^2=0.993$

■　180　k N data　——　$y=0.967x$　$R^2=0.976$
●　350　k N data　——　$y=1.130x$　$R^2=0.991$
▲　450　k N data　—·—　$y=1.118x$　$R^2=0.989$
▼　500　k N data　—··—　$y=1.271x$　$R^2=0.990$
◄　550　k N data　·····　$y=1.508x$　$R^2=0.991$

Group 5

(e) 组4-1

(f) 组5

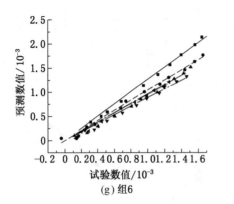

图4-3 砾岩含水层渗透率模型预测值与试验数值对比

$$\partial_t(\phi\rho C_i) + \nabla \cdot (\rho\phi C_i U) = -\nabla \cdot (\rho\phi C_i U_D) + \sum_{k=1}^{IV} r_{ik} \quad (i = 1, \cdots, 6)$$

(4-27)

对于固体物质：

$$\partial_t\left[(1-\phi)\rho_s C_{sj}\right] = \sum_{k=1}^{VI} r_{sj, k} \quad (j = 1, \cdots, 5)$$

(4-28)

式中　　　ρ、ρ_s——液体及固体的摩尔密度，mol/m^3；

$\quad\quad\quad C_i$——液相中 i 组分的摩尔体积分数；

$\quad\quad\quad C_{si}$——固相中组分 i 的摩尔体积；

$\quad\quad\quad \phi$——介质的孔隙度；

$\quad r_{ik}$、$r_{sj,k}$——组分 i 在单位体积孔隙介质中化学反应速度为 $k[\,mol/(s \cdot m^3)\,]$
$\quad\quad\quad\quad\quad\quad$情况下的摩尔变动量。

依据摩尔分数定义：

$$\sum_{i=1}^{6} C_i = 1 \qquad \sum_{i=1}^{5} C_{si} = 1$$

(4-29)

整体系统方程求解需要辅助以速度方程 U、扩散速度方程 U_D 以及化学反应
速度 r_{ik} 及 $r_{si,k}$。

其中

$$r_{ik} = \pm v_{ik}\omega_k\sigma \qquad r_{si, k} = \pm v_{si, k}\omega_k\sigma$$

(4-30)

式中　　　ω_k——化学反应速度 $k[\,mol/(s \cdot m^3)\,]$；

$\quad v_{ik}$、$v_{si,k}$——组分 i 在化学反应 k 中的化学计量系数；

$\quad\quad\quad \sigma$——在化学反应中孔隙表面有效活化面积分数；

$\quad\quad\quad \pm$——化学反应中组分的生成及反应。

化学反应的完全表达式较为复杂，通常采用类似 Guldberg-Waage 的指数型经验公式：

$$\omega_{\text{I}} = k_{\text{I}} c_{s1} c_1^{1+\beta_1} \tag{4-31}$$

$$\omega_{\text{II}} = k_{\text{II}} c_{s3}^{1+\beta_2} c_1^{2+\beta_3} \tag{4-32}$$

$$\omega_{\text{III}} = k_{\text{III}} c_{s2} c_2 \tag{4-33}$$

$$\omega_{\text{IV}} = k_{\text{IV}} c_{s4} c_1 \tag{4-34}$$

式中，k_{I}、k_{II}、k_{III} 及 k_{IV} 为基于时间的化学反应常数；参数 β_1、β_2、β_3 通常情况下大于零，β_1 约为 -0.67。

基于 Arrhenius 方程的经验型公式：

$$R_{\text{i}} = m_{\text{i}} A_{\text{i}} \exp\left(-\frac{E}{RT}\right) \omega_{\text{I}}^s \omega_{\text{II}}^l \omega_{\text{III}}^l \omega_{\text{IV}}^l \tag{4-35}$$

式中，$i = \text{I}$、II、III、IV、V 及 VI；m_{i} 为物质组分 i 的摩尔重量；R_{i} 为通用热动力学常数（取 8.134）；T 为系统的绝对温度；A_{i}、E 分别为频率因素及活化能；ω_{i} 为物质质量分数。对于 $k \in [300, 400]$，对应 $E \in [11, 15]\,\text{kcal/mol}$。

4.6.2 数值模拟及结果分析

4.6.2.1 地浸采铀溶质质量输运方程

铀矿对核工业发展具有重要作用。针对地表埋藏较浅矿层，通常采用传统采矿工艺直接从地质岩层中进行开采；针对赋存于砂岩含水层中埋藏较深矿层，目前广泛采用的是地浸开采，这种情况下含铀矿层通常具有较高的渗透性，岩层松散（砂岩或砂质泥岩），且其周边通常为低渗透性岩层（泥岩），铀矿为非均匀分布，常呈"卷状"。"卷状"的铀矿沉积岩层通常伴随有硫及附属产物，以及一些钒、硒、钼等。铀矿通常富集于氧化层或地浸开采层的上游区域，下游区域则相对较小。

地浸采铀工艺矿石开采品位要求较低，品位 0.01% 即为可地浸的工业可采品位（而常规开采的工业可采品位铀品位为 0.05%），同时矿体的采出率大于75%，并且工序少、流程短，经济、环境等效益比较显著，针对赋存较深（600 m 或大于 600 m 埋深）的含水层砂岩型铀矿具有很好的适用性。具体地浸开采工艺如图 4-4 所示，主要为抽、注液井、溶浸液及地表含铀溶浸液分离工艺等。注液井将溶浸液（酸式或碱式）泵入含铀矿层中溶解固体含铀氧化物，并通过抽液井负压抽出富含铀元素的溶浸液至地表，利用离子交换树脂分离溶浸液中铀元素，并重新产生溶浸液泵入地下进行再次铀矿开采（溶浸液最多可重复利用 50 次）。溶浸液类型通常为酸式（H_2SO_4 及 H_2SO_4 稀释液）和碱式（Na_2CO_3 或 $NaHCO_3$ 溶液）两种，与氧化铀反应形式如式（4-37）所示。其中碱式地浸开采对碳酸盐矿石富含区域有较好的适用性，同时可避免由酸式开采带来的环境污染。

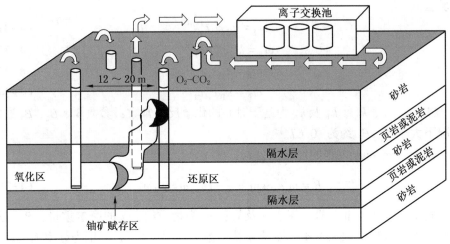

图 4-4　地浸采铀工艺

酸法浸出机理：

反应 Ⅰ：$\underbrace{UO_2 \cdot 2UO_3}_{S_1} + \underbrace{2H_2SO_4}_{1} \longrightarrow \underbrace{UO_2}_{S_2} + \underbrace{2UO_2SO_4}_{3} + \underbrace{2H_2O}_{6} - 60.70\ \dfrac{kj}{mol}$

反应 Ⅱ：$\underbrace{2Fe(OH)_3}_{S_3} + \underbrace{3H_2SO_4}_{1} \longrightarrow \underbrace{Fe_2(SO_4)_3}_{2} + \underbrace{6H_2O}_{6} - 159.38\ \dfrac{kj}{mol}$

反应 Ⅲ：$\underbrace{UO_2}_{S_2} + \underbrace{Fe_2(SO_4)_3}_{2} \longrightarrow \underbrace{UO_2SO_4}_{3} + \underbrace{2FeSO_4}_{4} - 5.08\ \dfrac{kj}{mol}$

$$UO_2 + H_2O_2 + 2H^+ + 3SO_4^{2-} \longrightarrow [UO_2(SO_4)_3]^{4-} + 2H_2O \qquad (4-36)$$

$CO_2 + O_2$ 浸出机理：

$$\begin{cases} UO_2 + O_2 \longrightarrow UO_3 \\ CO_2 + H_2O = H^+ + HCO_3^- \\ 2UO_3 + 5CO_2 + 3H_2O = UO_2(CO_3)_2^{2-} + UO_2(CO_3)_3^{4-} + 6H^+ \end{cases} \qquad (4-37)$$

天然氧化铀：

$$\underset{(Ⅰ)}{UO_2(s)} + \underset{(Ⅱ)}{\dfrac{1}{2}O_2(aq)} + \underset{(Ⅲ)}{CO_3^{2-}(aq)} + \underset{(Ⅳ)}{2HCO_3^-(aq)} \longrightarrow \underset{(Ⅴ)}{UO_2(CO_3)_3^{4-}(aq)} + \underset{(Ⅵ)}{H_2O(1)}$$

$$(4-38)$$

沥青铀矿：

50

$$U_3O_8(s)+\frac{1}{2}O_2(aq)+3CO_3^{2-}(aq)+6HCO_3^-(aq)\longrightarrow 3UO_2(CO_3)_3^{4-}(aq)+3H_2O(l)$$

（Ⅰ）　　　　（Ⅱ）　　　（Ⅲ）　　　　（Ⅳ）　　　　　　（Ⅴ）　　　　　　　（Ⅵ）

$$(4\text{-}39)$$

碱法地浸采铀工艺是运用 CO_2 与矿石中的碳酸盐反应生成 HCO_3^- 离子，氧气氧化矿石中的 UO_2 为 UO_2^{2+}，达到浸出矿石中铀矿物的目的，降低了对地下水环境的污染，同时提高了铀矿采出率。本数值模拟采用碱法地浸开采机理的简化公式（4-38）作为计算模型，研究地质应力水体环境、溶浸液、开采工艺对天然氧化铀开采的影响，并对模型做如下简化：

（1）砂岩型铀矿层为均质的各向同性多孔介质；

（2）液相为稀释溶液，忽略由化学反应引起的液体密度及运动黏度变化；

（3）化学反应、物理输运过程均对铀矿层孔隙度不产生重要影响；

（4）忽略溶质弥散效应，由于铀矿层埋深 600 m 左右相对于多孔渗流区域，此区域为高渗透性的松散砂岩层，溶质对流效应显著。因此整体化学反应、物理输运过程中砂岩性铀矿层孔隙度 ϕ、铀矿密度 ρ_s 及溶浸液密度 ρ 保持不变。

基于简化模型，依据公式（4-38）得反应溶质、反应矿物及生产溶质质量输运方程：

$$\partial_t c_{\text{Ⅱ}} + \nabla \cdot (c_{\text{Ⅱ}}U) = -\frac{\sigma(c_s)}{\rho\phi}R_{\text{Ⅱ}} \tag{4-40}$$

$$\partial_t c_{\text{Ⅲ}} + \nabla \cdot (c_{\text{Ⅲ}}U) = -\frac{\sigma(c_s)}{\rho\phi}R_{\text{Ⅲ}} \tag{4-41}$$

$$\partial_t C_{\text{Ⅳ}} + \nabla \cdot (c_{\text{Ⅳ}}U) = -\frac{\sigma(c_s)}{\rho\phi}R_{\text{Ⅳ}} \tag{4-42}$$

$$\partial_t C_{\text{Ⅴ}} + \nabla \cdot (c_{\text{Ⅴ}}U) = -\frac{\sigma(c_s)}{\rho\phi}R_{\text{Ⅴ}} \tag{4-43}$$

$$\partial_t C_{\text{Ⅰ}} = -\frac{\sigma(c_s)}{\rho_s(1-\phi)}R_{\text{Ⅰ}} \tag{4-44}$$

其中，溶质输运速度在定速度边界下可直接获得，在定压力边界条件下可通过 Forchheimer 公式获得：

$$-J = Av + Bv^2 \tag{4-45}$$

4.6.2.2　数值模型建立

由美国 ITASCA 公司推出的有限差分元软件 FLAC3D 通过建立三维网格中的多面体单元进行实际结构模拟，并提供空单元模型、弹性模型、塑性模型及模型二次开发接口，有效实现土质、岩石及其他材料的三维结构受力特性模拟和塑性流动分析。Fluent 是目前国际上普遍采用的 CFD 软件包,在流体、热传递及化学反应等有关行业具有广泛的应用,Fluent 具有强大的网格兼容性,具有非耦合隐式算法、耦合显示算法、耦合隐式算法,并包含丰富而先进的湍流模型及二次开发湍流模型接口,可精确地模拟无黏流、层流、湍流,并提供自由表面流、欧拉多相流模型、混合多相流模型、颗粒相模型等,可实现牛顿流体、非牛顿流体下非均质渗透性、惯性阻抗的多孔介质模型中不同组分间反应及输运,广泛应用于石油天然气、涡轮机设计、航空航天等领域。

其中,Fluent 能够解决任意的传输方程,同样的,用户自定义标量能够解决一个标量的传输方程,如某种物质的质量分数。Fluent 允许在 User-Defined Scalar 的对话框里定义附加的标量传输方程。单相流中,对任意的标量 ϕ_k,Fluent 能够解决下述方程:

$$\frac{\partial \rho \phi_k}{\partial_t} + \frac{\partial}{\partial_{x_i}}\left(\rho u_i \phi_k - \Gamma_k \frac{\partial \phi_k}{\partial_{x_i}}\right) = S_{\phi_k} \quad (k = 1, 2, \cdots, N) \quad\quad (4-46)$$

式中,Γ_k 和 $S_{\phi k}$ 分别代表用户所定义的 N 个标量方程中某一个标量方程的扩散系数和源项。Γ_k 为一个各向异性的张量系数,所以扩散项的表达式应为 $\nabla \cdot (\Gamma_k \phi_k)$。如果扩散是各向同性的,则扩散系数 Γ_k 能够写成 Γ_{kI} 的形式,其中,I 是 Γ_{kI} 的特征矩阵。对于多相流动,Fluent 能够解决独立相和混合物两类标量的传输方程,对于多相流中某一相内的任意标量组分 k,标记为 ϕ_l^k,Fluent 可以在任一相中来计算如下方程:

$$\frac{\partial \alpha_l \rho_l \phi_l^k}{\partial_t} + \nabla \cdot (\alpha_l \rho_l \overrightarrow{u_l} \phi_l^k - \alpha_l \Gamma_l^k \cdot \nabla \cdot \phi_l^k) = S_l^k \quad (k = 1, 2, \cdots, N) \quad (4-47)$$

式中,α_l、ρ_l 和 u_l 分别为某一相的体积分数,物理密度和流速;Γ_l^k 和 S_l^k 为扩散系数和源项。在这种情况下,标量 ϕ_l^k 仅与 phase-I 这一相有关,而 phase-I 相可以被认为是一个独立的区域。

地浸采铀涉及多孔介质中化学场、渗流场、应力场间的相互作用,其中溶浸液对铀矿氧化物的溶解速度及溶解程度直接相关于铀矿中铀元素含量、溶质浓度及渗流场中溶浸液流动状况,渗流场分布及溶解液运移状况直接受到基于应力场的多孔介质孔隙度分布状况影响,同时化学场的变动及渗流场的演化又影响着应力场的分布。本章模拟采用 FLAC3D-CFD 耦合多孔介质化学场、渗流场及应力场,实现砾岩含水层中铀矿地浸开采模拟,研究铀矿层地浸开采引发的多场耦合效应及其对铀矿开采的影响。运用 C 语言定义 FLAC3D-CFD 耦合场中相关参数的具体传递过程,具体如图 4-5 所示。

基于室内砾岩含水层多孔介质渗流规律中耦合应力—渗流场模型,结合 FLAC3D 中摩尔-库仑力学模型及 CFD(Fluent) 中多孔介质模型和自定义标量传

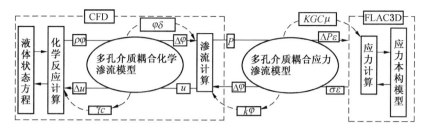

C—内聚力；G—剪切模量；K—体积模量；k—渗透率；ε—应变；φ—孔隙度；μ—摩擦系数；

σ—有效应力；ρ—溶液浓度；δ—运动黏度；ν—渗流速度；r—反应速度；c—溶质浓度

图 4-5　FLAC3D-CFD 耦合原理

输方程，实现多孔介质应力—渗流—溶质反应输运模拟。

$$
\begin{cases}
UO_2(s) + \dfrac{1}{2}O_2(aq) + CO_3^{2-}(aq) + 2HCO_3^-(aq) \longrightarrow \\
\quad UO_2(CO)_3^{4-}(aq) + H_2O(l) \\
\dfrac{\partial \rho \phi_k}{\partial_t} + \dfrac{\partial}{\partial_{x_i}}\left(\rho u_i \phi_k - \Gamma_k \dfrac{\partial \phi_k}{\partial_{x_i}}\right) = S_{\phi k} \quad (k = 1, 2, \cdots, N) \\
-J = Av + Bv^2 \\
A = \dfrac{\mu}{k} = a\mu \dfrac{(1-n)^{\zeta_3}}{n^{\zeta_2}}\left(\dfrac{1}{D}\right)^{\zeta_1}(\sigma)^{-m} \\
B = \beta \rho = b_0 \rho \exp(c\sigma) \dfrac{(1-n)^{\zeta_5}}{n^{\zeta_6}}(D)^{-\zeta_4}
\end{cases}
\tag{4-48}
$$

　　兼顾计算精度及运行速度，本章建立 400 mm×400 mm×580 mm（长×宽×高）模型，模型网格数量设定为 8000，耦合场中相关参数见表 4-1。

表 4-1　数值模拟力学参数

		密度 d/ $(kg \cdot m^{-3})$	杨氏模量 E/GPa	泊松比 μ	内聚力 C/MPa	强度 σ_c/MPa	内摩擦角 ψ/(°)	初始渗透率 K/m^2
	应力场	1800	40e-3	0.25	8e-3	25	30	
砾岩、砂岩	化学场	质量分数 (UO_2)	质量分数 (O_2)	质量分数 (CO_3^{2-})	质量分数 (HCO_3^-)	质量分数 $[UO_2 (CO_3)_3^{4-}]$	反应速度/ $(kg \cdot m^{-3} \cdot s^{-1})$	弥散系数/ $(m^2 \cdot s^{-1})$
		0.005	0.005	0.01	0.02	0	105/10.5/ 1.05	
	渗流场	孔隙度 φ	初始渗透率 K/m^2	初始非达西流因子 β/m^{-1}				
		0.285	7.0e-12	1.0e8				

4.6.3　多场耦合模型可行性验证

4.6.3.1　耦合应力—渗流场

为确定以 k 模型和 β 模型为代表的砾岩含水层非达西流渗流模型的准确性，将耦合应力—渗流场模型的数值模拟结果与试验结果进行比对。应用 NOF 模型进行可行性验证，具体公式如下：

$$RMSE = \sqrt{\frac{\sum\limits_{i=1}^{N} (V_i - v_i)^2}{N}} \qquad (4-49)$$

式中　$RMSE$——均平方根误差；

　　　　V_i——试验数值；

　　　　v_i——数值模拟数值，$i = 1,\ 2,\ \cdots,\ N$（N 为具体数据个数）。

NOF 值即为 $RMSE$ 值比试验结果平均值 V，具体如下：

$$NOF = \frac{RMSE}{V} \qquad (4-50)$$

式中，$V = (1/N)\sum\limits_{i=1}^{N} V_i$，其中 NOF 值越接近于 0，说明数值模拟结果越准确，但在 1 范围内，数值模拟结果依然具有较高的准确性，可确定模型的可行性。

由图 4-6 可以看出组 1 至组 6 的 NOF 值分别为 0.147、0.0421、0.111、0.259 和 0.205，其值均小于 1，说明数值模拟结果准确性较高；其中组 1、组 2、组 3 的 NOF 值最低，然而 550 kN 作用下组 4 及组 5 数值模拟结果相对较大，主要由于此应力作用下含有较大体积分数骨料颗粒的组 4 及组 5 中部分骨料颗粒

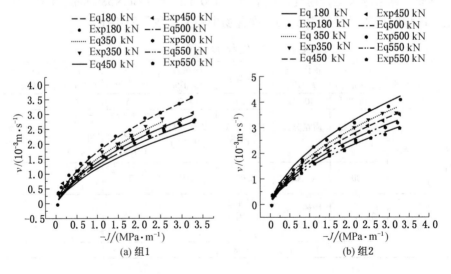

(a) 组1　　　　　　　　　　　　(b) 组2

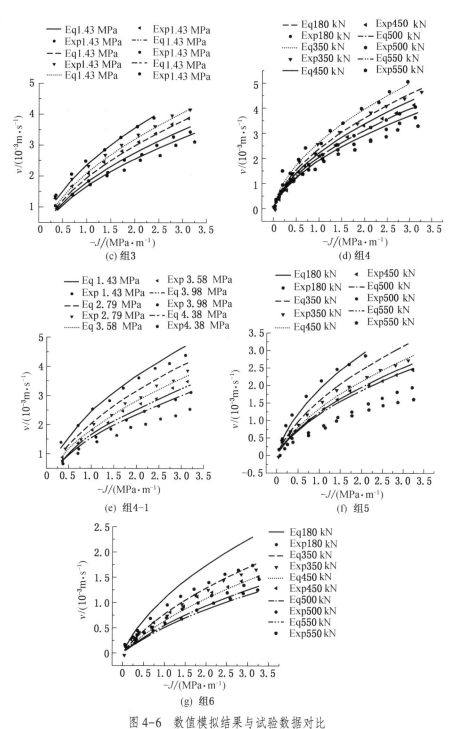

图 4-6　数值模拟结果与试验数据对比

破碎，导致试验中骨料粒径平均值降低。对于含有较多体积分数的组 6 来说，高应力作用下引起的骨料破坏可能性降低，然而低应力情况下，水头压力作用下细砂的沉积效应可能较为明显，因此对应 550 kN 及 180 kN 作用力，其分别具有较准确和具有一定误差的数值模拟结果。

4.6.3.2 耦合渗流—化学场

模拟试验中 UO_2、O_2、CO_3^{2-}、HCO_3^- 质量分数为 0.05、0.005、0.01、0.02，水头压力为 1.8 MPa(渗流速度为 0.004 m/s)，地应力为 3.5 MPa，溶质弥散系数为 0，UO_2 全模型分布，其中反应区在模型中对称分布区域长度为0.4 m，溶浸液持续注入 1 d 后停止注入，监测有水流运动及无水流运动下溶浸液运动规律及与铀矿氧化物反应特征。

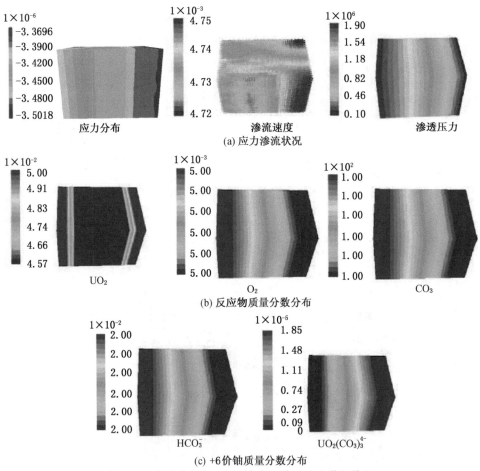

图4-7　溶浸液注入 1 d 后应力—渗流—化学场特征

由图 4-7 可知，3.5 MPa 应力场作用下，1.8 MPa 水头压力产生 0.0047 m/s 的均匀渗流场，氧化铀在化学反应区全部产生氧化反应，并由初始质量分数 0.05 降低至 0.0457，同时 $UO_2(CO_3)_3^{4-}$ 离子浓度由 0 增至 1.85×10^{-5}，浓度分布由反应区端部至模型出口逐渐增加，说明在 O_2、CO_3^{2-}、HCO_3^- 溶质作用下天然氧化铀在赋存反应区内被氧化为 +6 价铀，并在溶浸液流动累积作用下由矿体端部至尾部呈浓度依次递增状态分布；其中反应区内 CO_3^{2-} 及 O_2 浓度呈小幅度变化，由于矿体端头持续注入溶浸液，其质量分数基本保持稳定状态。渗流场参与下，溶浸液流经过氧化铀赋存区，引发溶浸反应，固体铀矿体逐渐减少，溶液中铀元素逐渐增加，并在矿体尾部达到最大浓度。

注入溶浸液 1 d 后，维持 3.5 MPa 的地应力，将进出口流体设置为 0，并终止溶浸液注入，即耦合多场中仅仅进行化学场模拟试验，以验证地浸采铀的准确性。

铀矿赋存区域内由静止溶浸液引发的铀元素溶浸效应在整体反应区域内均匀发生，并随时间推移氧化铀质量分数溶浸量及溶浸速度逐渐降低，如图 4-8a 所示；同时溶质中铀元素生成量逐渐增加且其生成速率逐渐降低，主要由于溶浸液中 O_2、CO_3^{2-} 及 HCO_3^{2-} 含量随反应进行逐渐降低，最终导致反应速度降低，如图 4-8b1~图 4-8b4 所示。

具体如图 4-8b5 及图 4-8b6 所示，地浸采铀前 3 d 中氧化铀开采量及开采速度相对较大，其中第 1 天中达到最大值，随后几天中氧化铀的开采量及开采速度均明显降低；溶浸液中铀元素浓度发生对应变化，铀矿开采前期生成速度较大，第 7 天达到最大浓度值，整体反应说明无渗流场作用下，固体铀矿消耗速度及溶浸液中铀元素生成速度主要受到反应液浓度影响，UO_2、CO_3^{2-}、HCO_3^- 消耗及 $UO_2(CO_3)_3^{4-}$ 生成状况在铀矿赋存区发生均匀变化。

由耦合应力—渗流—化学场下氧化铀与溶浸液反应变动特征可知，FLAC3D-CFD 可较好地还原铀矿赋存环境，有效模拟地浸采铀过程，准确表达出固体反应物及液态生成物间化学反应—物理输运状况。

4.6.4 结果及分析

4.6.4.1 地浸开采演化

模拟试验中 UO_2、O_2、CO_3^{2-}、HCO_3^- 质量分数为 0.005、0.005、0.01、0.02，渗流速度为 2.3×10^{-5} m/s，地应力为 3.5 MPa，溶质弥散系数为 0，铀矿氧化物全模型分布，其中反应区在模型中对称分布区域长度为 0.4 m，溶浸液持续注入 45 d，监测铀矿溶浸程度，溶浸液中铀元素浓度及溶浸液消耗状况（图4-9）。

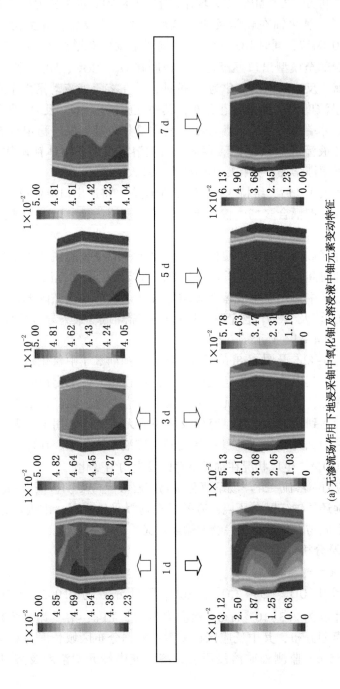

（a）无渗流场作用下地浸采铀中氧化铀及溶浸液中铀元素变动特征

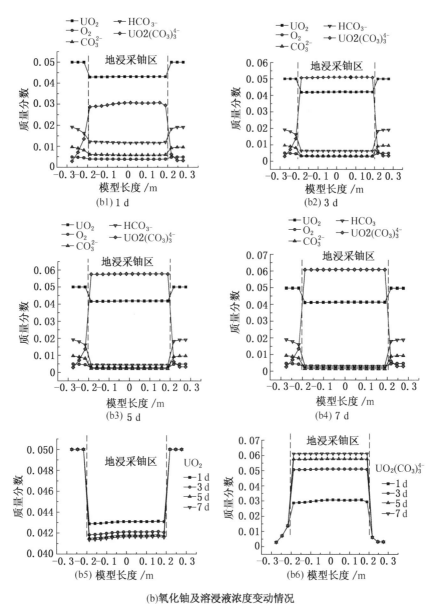

(b)氧化铀及溶浸液浓度变动情况

图 4-8　地浸采铀化学反应演化

应力场为 3.5 MPa 下，渗流场渗透系数为 5.2×10^{-12} m²，非达西流因子为 1.3×10^{8} m⁻¹，地浸采铀反应速度为 $k=10.1$，耦合应力—渗流—化学场作用下，固体氧化铀呈指数函数形式减少，同时溶液中铀元素函数表现为指数函数型降低，对

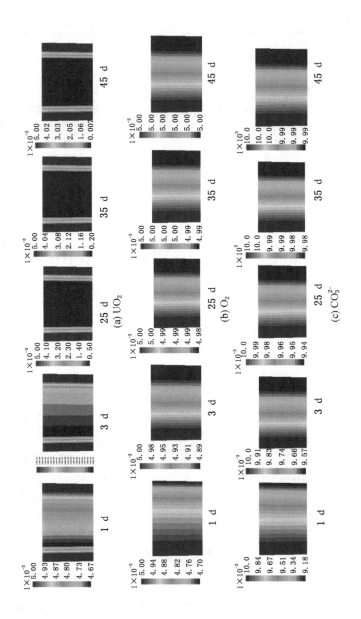

(a) UO_2

(b) O_2

(c) CO_3^{2-}

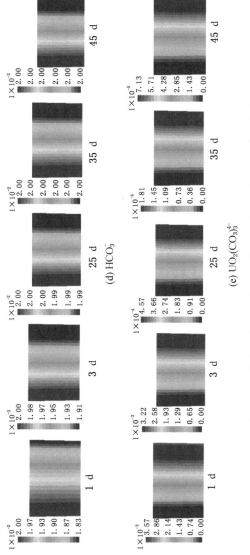

图 4-9 耦合应力—渗流—化学场作用下地浸采铀溶质变化特征

61

应溶浸液中 O_2、CO_3^{2-}、HCO_3^- 质量分数呈先减小，后增大，最终维持在初始质量分数附近；溶浸液中 O_2、CO_3^{2-}、HCO_3^- 质量分数在地浸采铀区具体浓度梯度随时间变动较小，即在氧化铀分布区沿溶浸液流动方向逐渐降低，对应 $UO_2(CO_3)_3^{4-}$ 浓度则在溶浸液运移方向上逐渐增加，同时固体氧化铀质量分数则逆溶浸液移动方向分布。

图 4-10 反映出耦合应力—渗流—化学场中氧化铀地浸开采速度及 $UO_2(CO_3)_3^{4-}$ 在溶浸液中含量均为前期较大，后期较小，主要受溶浸液中反应物浓度影响；UO_2 残余量及 $UO_2(CO_3)_3^{4-}$ 生成量在铀矿地浸开采区沿溶浸液运移方向呈逐渐增长趋势，主要受到溶浸液流动及 O_2、CO_3^{2-}、HCO_3^- 浓度影响。

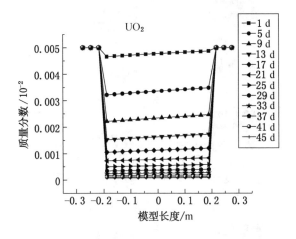

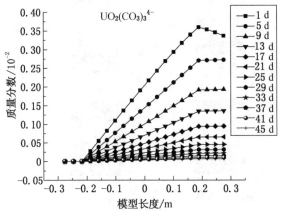

图 4-10　基于时间效应的溶质浓度变化

4.6.4.2 溶浸液浓度影响

综合上述模拟结果可知，O_2、CO_3^{2-}、HCO_3^-浓度及氧化铀质量分数对铀矿地浸开采速度及溶浸液中铀元素的生成状况具有重要影响，因此探究溶浸液中铀矿地浸开采与溶浸液中反应溶质浓度及铀矿品位关系，有助于安全、高效、绿色进行地浸采铀，具体模拟参数见表4-2。

表4-2 铀矿开采反应物质量分数

反应物	UO_2	O_2	CO_3^{2-}	HCO_3^-
质量分数	0.005	0.01	0.01	0.02
		0.005	0.01	0.02
		0.001	0.01	0.02
		0.005	0.02	0.02
		0.005	0.001	0.02
		0.005	0.01	0.04
		0.005	0.01	0.002
	0.05	0.005	0.01	0.02
	0.0005	0.005	0.01	0.02

基于数值模拟结果，选取模型地浸采铀区中部及模型尾端分别进行 UO_2 及 $UO_2(CO_3)_3^{4-}$ 质量分数监测，其具体结果如图4-11所示。

地浸采铀中固体氧化铀含量及溶浸液铀元素质量分数随时间增加而呈指数型降低，其中 O_2、CO_3^{2-}、HCO_3^- 浓度对地浸采铀影响基本一致，随反应物浓度增加，氧化铀质量分数及溶浸液铀元素浓度在15 d内随时间增长而快速减小，15~20 d内 UO_2 及 $UO_2(CO_3)_3^{4-}$ 质量分数逐渐由快速降低状态降低为平稳缓慢降低状态；其中开始阶段反应物浓度越高，$UO_2(CO_3)_3^{4-}$ 质量分数越高，随反应进行在10~20 d内，高浓度反应物所对应的溶浸液 $UO_2(CO_3)_3^{4-}$ 量则逐渐低于低浓度反应物所生产的 $UO_2(CO_3)_3^{4-}$ 量，同时低浓度反应物所对应的 $UO_2(CO_3)_3^{4-}$ 质量分数，可长时间维持稳定状态；铀品位对铀矿开采速度及溶浸液中铀元素浓度影响呈现高品位铀矿对应高溶浸液铀元素现象，反之则长期产生较低的 $UO_2(CO_3)_3^{4-}$ 浓度，其中在10~25 d阶段，不同品位铀矿所对应的 $UO_2(CO_3)_3^{4-}$ 质量分数均由快速降低缓慢转变为平稳降低，说明对于不同品位铀矿选取不同浓度的反应物溶浸液，对铀矿地浸开采速度及溶浸液中铀元素浓度具有重要影响。

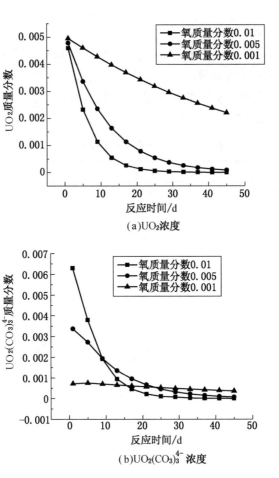

（a）UO₂浓度

（b）UO₂(CO₃)₃⁴⁻浓度

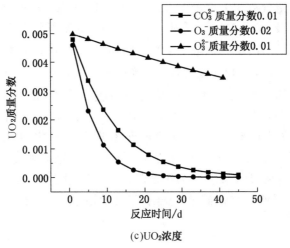

（c）UO₂浓度

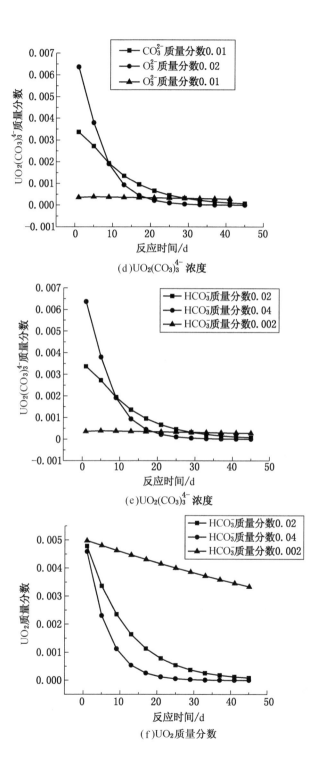

(d) $UO_2(CO_3)_3^{4-}$ 浓度

(e) $UO_2(CO_3)_3^{4-}$ 浓度

(f) UO_2 质量分数

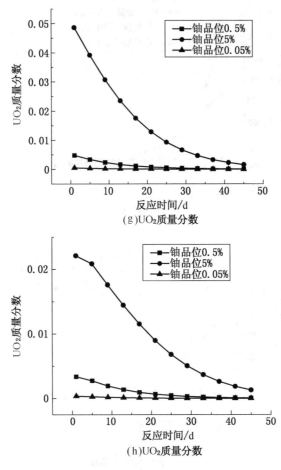

（g）UO₂质量分数

（h）UO₂质量分数

图 4-11 溶质质量分数与时间关系

4.6.4.3 渗流场、化学场影响

溶浸液注入速度及化学反应速度对溶浸液扩散及反应溶质残存量具有重要影响，其中氧化铀与溶浸液反应速度及渗流场渗流对地浸采铀速度及溶浸液铀元素含量具体影响如图 4-12 所示。

图 4-12 中反映出比例等级反应速度对应非比例的铀矿地浸开采速度，其中 105 反应速度在 18 d 内即结束地浸采铀，而 1.05 及 10.5 反应速度对应铀矿开采速度趋势基本保持一致，然而前 5 d 内 1.05 反应速度对铀矿开采具有较快的反应速度，随后出现 UO_2 及 $UO_2(CO_3)_3^{4-}$ 质量分数平稳降低现象，10.5 反应速度所对应的 UO_2 及 $UO_2(CO_3)_3^{4-}$ 质量分数在整体反应过程中均为平稳降低；最终 10.5 反应速度对应 $UO_2(CO_3)_3^{4-}$ 质量分数略小于 1.05 反应速度下 $UO_2(CO_3)_3^{4-}$ 质

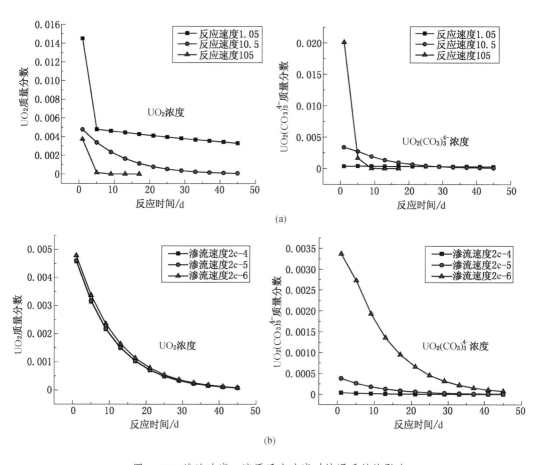

图 4-12　渗流速度、溶质反应速度对地浸采铀的影响

量分数，地浸采铀化学反应速度受铀矿品位、溶浸液 pH 值、温度及铀矿中其他矿物种类及含量影响，因此不同水文地质条件下地浸采铀可能具有不同的化学反应速度，进而对地浸开采产生重要影响；溶浸液注入速度对各向同性多孔砂岩介质中铀矿开采速度影响较小，然而仍可观测出较大的注入速度，可产生较大的铀矿开采速度，同时溶浸液中 $UO_2(CO_3)_3^{4-}$ 浓度有所下降，其中 30 d 后 $2×10^{-5}$ m/s 及 $2×10^{-4}$ m/s 渗流速度所对应的 $UO_2(CO_3)_3^{4-}$ 浓度接近，而 $2×10^{-6}$ m/s 渗流速度仍对应较高的 $UO_2(CO_3)_3^{4-}$ 质量分数。

4.6.4.4　耦合应力—渗流—化学场作用

设定工作面推进速度 8 m/d，①卸压区：距离工作面前方 0～24 m，时间 3 d，应力 15～2.7 MPa；②应力还原区：距离工作面 0～300 m，时间 30 d，应

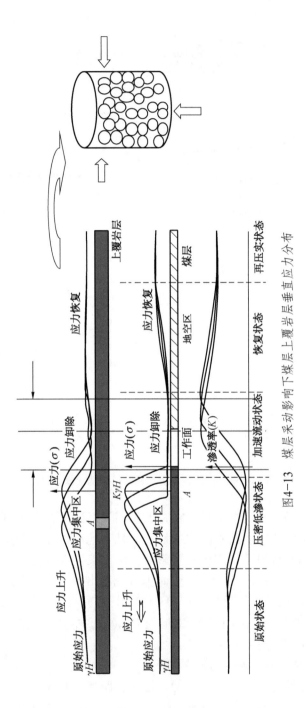

图4-13 煤层采动影响下煤层上覆岩层垂直应力分布

力 2.7~10 MPa；③进水口压力 2.0215 MPa，出水口压力 2.0 MPa；④UO$_2$、O$_2$、CO$_3^{2-}$、HCO$_3^-$ 初始质量分数分别为 0.005、0.005、0.01、0.02。

地下水文地质条件受采矿采动影响将产生重要变动，其中煤层开采过程中采煤工作面前方一段距离内将产生塑性卸载区，致使应力逐渐降低，导致煤层上方多孔介质渗透率增加，加速渗流速度；溶浸液流入速度加快，进而促进铀矿地浸开采；采煤工作面后方 100~300 m 采空区范围内，原岩应力逐渐恢复，采空区内破碎岩石重新被压实，致使孔隙渗透率降低，表现为渗流速度逐渐降低，导致铀矿地浸开采速度降低，溶浸液中铀元素浓度缓慢降低；其中工作面推进 1~5 d 内，采场围岩中应力场、渗流场及化学场变动最为复杂（图 4-13、图 4-14）。

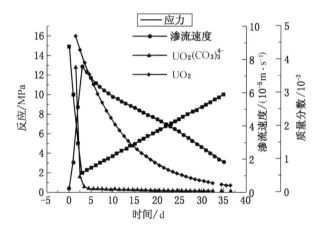

图 4-14　煤层采动影响下溶浸液反应—输运规律

4.7　裂隙岩体渗流—溶质反应输送特征

4.7.1　等效裂隙模型

模拟中，有效应力一般通过流固耦合模型对渗透率及压缩张量产生影响，其中 Bandis 的双曲线模型包含了初始裂隙宽度及最大闭合度间的基本关系。之后 Baghbanan 和 Jing 定义了法向临界正应力，即当裂隙压缩量接近最大闭合度时，裂隙法向压缩量大幅度降低。Baghbanan 和 Jing 定义法向临界应力值为 10 MPa，并假设最大闭合度为初始裂隙宽度的 0.9 倍，即 $\delta_i/h_i = 0.9$。基于上述假设，Baghbanan 和 Jing 简化了 Bandis 双曲线模型法相闭合模型：

$$\delta_n = \frac{\alpha_{nc}\delta}{10(0.9h_i - \delta)} \tag{4-51}$$

式中　δ_n——裂隙法向闭合度;

　　　δ——法向应力引起的法向闭合;

　　　h_i——最大闭合度。

法向刚度与法向应力关系:

$$K_n = \frac{10\sigma_n + \sigma_{nc}^2}{9\sigma_{nc}h_i} \tag{4-52}$$

式中　K_n——法向刚度;

　　　σ_{nc}——临界法向应力, MPa, $\sigma_{nc} = 0.487h_i + 2.51$, 适用法向应力范围为
　　　　　3~100 MPa, 初始裂隙宽度为 1~200 μm。

由剪切引起的裂隙剪胀模型如图 4-15 所示, 其具体剪胀量如图 4-16 所示。裂隙宽度剪胀度及张开度的计算如下:

$$\Delta b_{dil} = \frac{1}{b_0}\left\{\frac{\psi_{peak}}{r}\left[1 - e^{-r(\delta-\delta_0)}\right] + \frac{\psi_{peak}^3}{9r}\left[1 - e^{-3r(\delta-\delta_0)}\right]\right\} \tag{4-53}$$

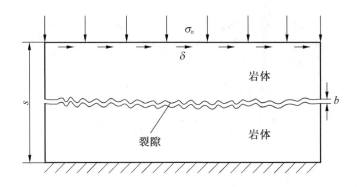

图 4-15　裂隙剪胀模型

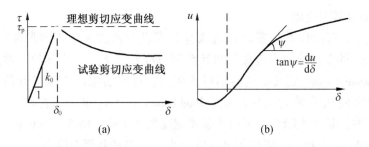

(a)　　　　　　　　　　　(b)

图 4-16　裂隙剪胀量

$$b_{\text{open}} = \frac{P_{\text{f}} - P_{f0}}{K_{\text{gf}}} = \frac{P_{\text{f}} - P_{f0}}{10K_{\text{s}}^{\text{rock}}} = \frac{P_{\text{f}} - P_{f0}}{10 \times \dfrac{7\pi G}{24r}} \tag{4-54}$$

裂隙宽度与初始裂隙宽度、裂隙闭合度、张开度及剪胀度关系：

$$b = h_{\text{i}} - \delta + \Delta b_{\text{dil}} + b_{\text{open}} \tag{4-55}$$

$$\delta = \frac{9\sigma_{\text{n}} h_{\text{i}}}{\sigma_{\text{nc}} + 10\sigma_{\text{n}}} \tag{4-56}$$

式中　　δ——法向应力引起的法向闭合度；

Δb_{dil}——由剪切引起的膨胀量。

等效压缩张量：

$$M_{\text{ijkl}} = \frac{(1+v)\delta_{\text{ik}}\delta_{\text{jl}} - v\delta_{\text{ij}}\delta_{\text{kl}}}{E} \tag{4-57}$$

$$C_{\text{ijkl}} = \sum^{\text{fracnum}} \left[\left(\frac{1}{K_{\text{nf}}D} - \frac{1}{K_{\text{sf}}D} \right) F_{\text{ijkl}} + \frac{1}{4K_{\text{sf}}D} (\delta_{\text{ik}}F_{\text{jl}} + \delta_{\text{jk}}F_{\text{il}} + \delta_{\text{il}}F_{\text{jk}} + \delta_{\text{jl}}F_{\text{ik}}) \right] \tag{4-58}$$

$$F_{\text{ij}} = \frac{1}{V_{\text{e}}} \frac{\pi}{4} D^3 n_{\text{i}} n_{\text{j}} \tag{4-59}$$

$$F_{\text{ijkl}} = \frac{1}{V_{\text{e}}} \frac{\pi}{4} D^3 n_{\text{i}} n_{\text{j}} n_{\text{k}} n_{\text{l}} \tag{4-60}$$

$$P_{\text{ij}} = \frac{1}{V_{\text{e}}} \frac{\pi}{4} D^3 b^3 n_{\text{i}} n_{\text{j}} \tag{4-61}$$

$$T_{\text{ijkl}} = C_{\text{ijkl}} + M_{\text{ijkl}} \tag{4-62}$$

$$E^f = \frac{1}{\dfrac{1}{E} + \left(\dfrac{1}{K_{\text{nf}}} - \dfrac{1}{K_{\text{sf}}} \right) \dfrac{1}{V_{\text{e}}} \dfrac{\pi}{4} D^2 n_1^4 + \dfrac{1}{K_{\text{sf}}} \dfrac{1}{V_{\text{e}}} \dfrac{\pi}{4} D^2 n_1^4} \tag{4-63}$$

$$v^f = \frac{v}{E} E^f - \left(\frac{1}{K_{\text{nf}}} - \frac{1}{K_{\text{sf}}} \right) \frac{E^f}{V_{\text{e}}} \frac{\pi}{4} D^2 n_1^2 n_2^2 \tag{4-64}$$

$$K = \frac{1}{\dfrac{1}{K_{\text{intact}}} + \sum^{\text{fracnum}} \dfrac{2V_{\text{ratio}}}{b} \left[\left(\dfrac{1}{K_{\text{nf}}} - \dfrac{1}{K_{\text{sf}}} \right) (1 - n_2^4) + \dfrac{1}{K_{\text{sf}}} n_1^2 \right]} \tag{4-65}$$

$$G = \frac{1}{\dfrac{1}{G_{\text{intact}}} + \sum^{\text{fracnum}} \dfrac{2V_{\text{ratio}}}{b} \left[\left(\dfrac{1}{K_{\text{nf}}} - \dfrac{1}{K_{\text{sf}}} \right) (n_1^4 - n_1^2 n_2^2) + \dfrac{1}{K_{\text{sf}}} n_1^2 \right]} \tag{4-66}$$

裂隙非达西流渗透率张量。粗糙裂隙面中的凹凸值、裂隙粗糙度等几何参数对流体流动状态具有重要影响，是引起惯性力流体压头损失的重要因素。

基于时间效应的裂隙闭合模型：

$$\varepsilon = \begin{cases} at^b & 0 < t < t_0 \\ at_0^t & t > t_0 \end{cases} \tag{4-67}$$

$$b_{open} = h_{in} - \varepsilon \tag{4-68}$$

$$k_n = \frac{(10\sigma_n + \sigma_{nc})^2}{6\sigma_{nc}b_0} \tag{4-69}$$

$$\sigma_{nc} = 0.487b_0 + 2.51 \tag{4-70}$$

$$e = b(1 - 1.1w)^4 \left(1 + \frac{2}{D}\right)^{3/5} \tag{4-71}$$

$$w = w_1 + ne^{-\frac{\sigma_n}{k_n}} \tag{4-72}$$

$$k_{ij} = \sum^{fracnum} \frac{1}{12}(P_{kk}\delta_{ij} - P_{ij}) = \sum^{fracnum} \frac{1}{12}\left(\frac{V_{ratio}}{b_{ini}}b^3 n_k^2 \delta_{ij} - \frac{V_{ratio}}{b_{ini}}b^3 n_i n_j\right) \tag{4-73}$$

$$\beta_{ij} = \frac{\sum\limits^{fracnum} A_{ij}p_{ij}}{2^{b_{ij}}e^{b_{ij}+1}} \tag{4-74}$$

式中　M_{ijkl}——完整岩体弹性压缩张量；

$\quad\quad C_{ijkl}$——各向异性压缩张量；

$\quad\quad F_{ij}$——基本裂隙张量；

$\quad\quad P_{ij}$——基本裂隙张量；

$\quad\quad T_{ijkl}$——刚度张量；

$\quad\quad E^f$——裂隙等效杨氏模量；

$\quad\quad v^f$——等效泊松比；

$\quad\quad K$——等效体积模量；

$\quad\quad G$——等效剪切模量；

$\quad\quad b_{open}$——张开度；

$\quad\quad e$——裂隙宽度；

$\quad\quad \omega$——裂隙接触面积；

$\quad\quad D$——空隙连通分形维数。

4.7.2　FLAC3D-CFD 等效裂隙介质模拟

4.7.2.1　模型建立

利用三维激光扫描仪，对 6 块砂质泥岩进行上下面扫描，得出裂隙面粗糙度、裂隙宽度、凹凸值等几何参数，粗糙裂隙面概况如图4-17所示。

依据扫描结果，将上述6组砂质泥岩几何参数导入FLAC3D-CFD模拟器中，进行单粗糙裂隙中应力—渗流—溶质输运耦合过程及特征研究。裂隙岩体模型如图4-18所示。

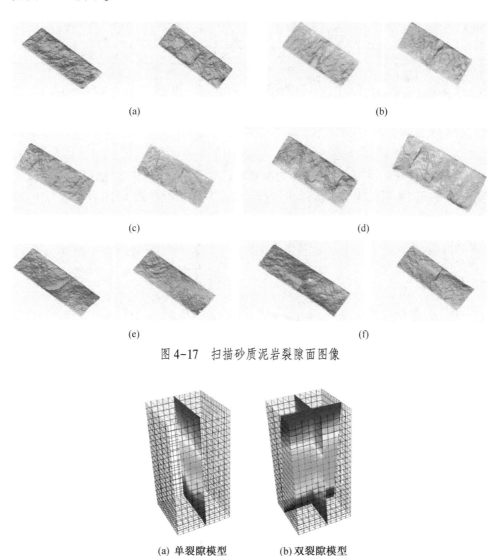

(a)

(b)

(c)

(d)

(e)

(f)

图4-17　扫描砂质泥岩裂隙面图像

(a) 单裂隙模型　　　　(b) 双裂隙模型

图4-18　裂隙岩体模型

粗糙裂隙岩体水力学参数见表4-3。

表4-3 裂隙水力学参数

	应力场	密度 d/ (kg·m⁻³)	体积模量 B/GPa	剪切模量 S/GPa	内聚力 C/MPa	抗拉强度 t/MPa	内摩擦角 ψ/(°)	初始渗透 率 K/m²
		2660	33.94	22.4	4.0	22.52	35	
砂质 泥岩	化学场	质量分数 (UO_2)	质量分数 (O_2)	质量分数 (CO_3^{2-})	质量分数 (HCO_3^-)	质量分数 [UO_2 $(CO_3)_3^{4-}$]	反应速度/ (kg·m⁻³· s⁻¹)	弥散系数/ (m²·s⁻¹)
		0.005	0.005	0.01	0.02	0	105/10.5/1.05	0
	裂隙场	初始平均裂 隙宽度/μm	初始渗透率 K/m²	初始非达 西流因子 β/m⁻¹				
		30	7.0e-12	1.0e8				

4.7.2.2 模型可行性验证

将文献［167］中试验数据作为模型验证对象，对单裂隙模型模拟中渗流速度与水头压力关系结果与试验结果进行对比，具体情况如图4-19所示。5.0~25

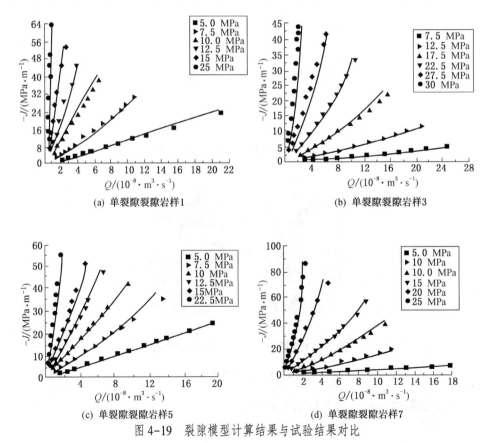

图4-19 裂隙模型计算结果与试验结果对比

74

MPa 应力变动下，数值模拟结果与试验结果基本一致，说明等效裂隙模型准确性较高，可以用于模拟裂隙岩体应力渗流特征，反演裂隙岩体应力—裂隙渗流时空耦合过程。

4.7.2.3 耦合裂隙—渗流—化学场演化

将应力环境设置为 16 MPa，水头压力为 0~3.5 MPa，渗流场中 $UO_2(CO_3)_3^{4-}$ 浓度为 5×10^{-4}，以粗糙单裂隙模型为例进行含裂隙岩体耦合裂隙—渗流—化学场演化过程研究。其中，裂隙纵向长度为 100 mm，横向长度为 50 mm，粗糙面平均凹凸体高度为 0.617 mm，JRC 值为 6.0，模拟结果如图 4-20 所示。

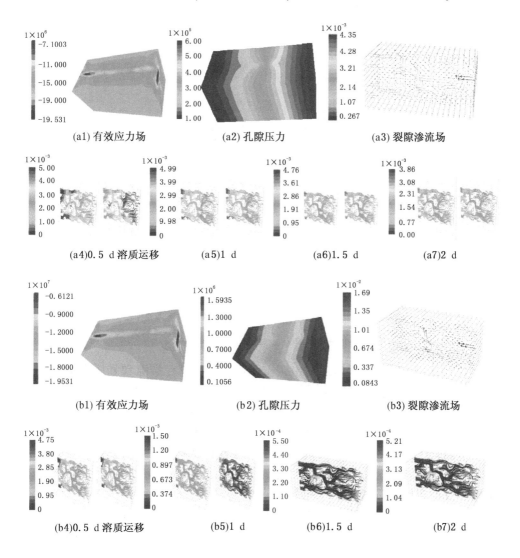

(a1) 有效应力场　　　　(a2) 孔隙压力　　　　(a3) 裂隙渗流场

(a4)0.5 d 溶质运移　　(a5)1 d　　　　(a6)1.5 d　　　　(a7)2 d

(b1) 有效应力场　　　　(b2) 孔隙压力　　　　(b3) 裂隙渗流场

(b4)0.5 d 溶质运移　　(b5)1 d　　　　(b6)1.5 d　　　　(b7)2 d

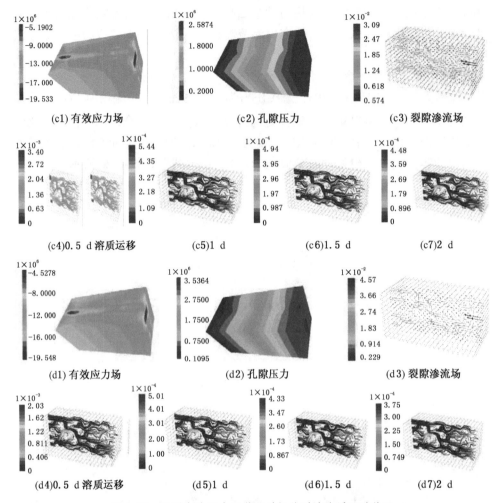

(c1) 有效应力场　　(c2) 孔隙压力　　(c3) 裂隙渗流场

(c4)0.5 d 溶质运移　　(c5)1 d　　(c6)1.5 d　　(c7)2 d

(d1) 有效应力场　　(d2) 孔隙压力　　(d3) 裂隙渗流场

(d4)0.5 d 溶质运移　　(d5)1 d　　(d6)1.5 d　　(d7)2 d

图 4-20　不同水头压力下基于时间的裂隙溶质运移状况

　　裂隙介质岩体物质输运过程中，应力场、渗流场在裂隙和基质中呈现非均匀性分布，其中在裂隙面附近整体呈现应力降低现象，裂隙面局部出现应力集中及应力耗散现象，孔隙压力在裂隙面主要表现为局部增大、降低；渗流场中，垂直裂隙面同一位置水流呈非均匀性分布，沿裂隙面方向流体路径弯曲分布；说明裂隙岩体在一定压力、水流环境中，内部沿裂隙面内应力及渗流呈复杂分布状态，主要自然状态下粗糙裂隙面间有效裂隙宽度呈非均匀性分布，形成不同大小及连通性的贯通空隙，表现为应力、渗流的各向异性。

　　裂隙介质岩体中溶质输运速度正相关于渗流压力，溶质浓度负相关于渗流压力及时间，0.5 MPa 水头压力下裂隙溶质浓度随着时间增加，呈先快速降低，然后缓慢减小趋势，2 d后裂隙岩体中仍有溶质残余；裂隙内溶质浓度呈非均匀性分布，基本分为高浓度溶质、低浓度溶质及无溶质区域，并出现高渗流速度，低溶质浓度现象；随着渗透压力增大，粗糙裂隙面应力及孔隙压力分布出现相应变动，其中渗流场变动显著，主要表现为渗流速度增大，溶质输运加快，对应 1.5 MPa、2.5 MPa、3.5 MPa下溶质分别在 1.5 d、1 d 及 0.5 d基本输运完毕，并出现局部区域低浓度溶质滞留现象；主要由于较高水头压力加强了裂隙面中空隙连通性，加速渗流速度及有效渗流面积，同时由于非均匀空隙分布，出现局部水头应力集中及耗散现象，使得部分裂隙面出现涡流及溶质滞留。

4.7.2.4　应力、裂隙渗流、溶质输运场耦合特征及模型参数确定

依据7组粗糙裂隙面粗糙度、裂隙宽度及裂隙面凹凸高度具体分布，进行水头压力3.5 MPa下，应力分别为 5 MPa、7 MPa、9 MPa、11 MPa、13 MPa、15 MPa、17 MPa 的应力—裂隙渗流—溶质输送耦合模拟试验，监测粗糙裂隙面内有效导水空隙变动及模型出口处溶质浓度变动（图4-21）。

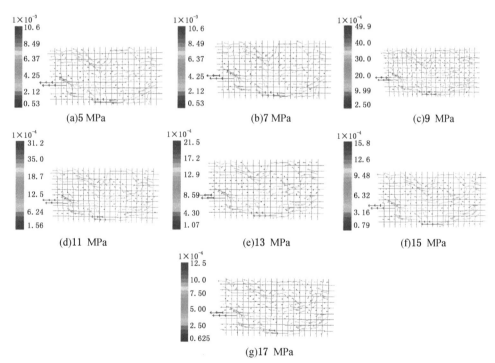

图4-21　不同应力下粗糙裂隙渗流速度及空隙变动特征

一定水头压力下，粗糙裂隙面渗流速度负相关于应力，即应力较小下，裂隙面渗流通道内流体呈现较高流速，随边界应力增大，裂隙面主要渗流通道逐渐减小，小渗流通道逐渐扩展，最终表现为整体渗流速度降低；其中，5～17 MPa 应力环境下，粗糙裂隙面最大渗流速度由 0.0106 m/s 逐渐降低至 0.00125 m/s，并呈现前期快速减小，后期 13～17 MPa 下缓慢降低趋势；随着应力逐渐增大，粗糙裂隙面接触面积逐渐增大，表现为低渗流区域增加；说明渗流速度及裂隙宽度均受裂隙介质应力影响，应力增大，则粗糙裂隙面空隙连通性降低，隔离空隙及裂隙面接触面积逐渐增多。

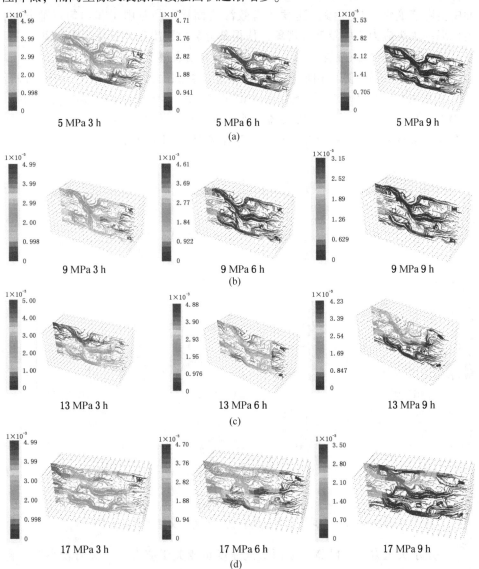

图 4-22　不同应力下基于时间的溶质输运特征

选取粗糙裂隙进行不同应力下3 h、6 h及9 h溶质输运状况对比分析，由图4-22可以发现，相同应力作用下，裂隙空隙中溶质残存量随时间增加逐渐降低，其中6 h前降低幅度较大，而6 h后缓慢降低；溶质残余量沿流体流动方向呈逐渐降低趋势，其中流体入口处溶质在较高应力作用下，相同时间段内溶质残余量较大，同时溶质随时间增加残余量缓慢减小；说明基于时间效应的溶质输运状态对裂隙岩体应力状态变化具有较高的敏感性。

4.7.2.5 裂隙—渗流—溶质输运的应力响应

粗糙裂隙宽度负相关于围压，当围压增大时，单裂隙宽度以负指数形式减小，其中初始裂隙宽度大小正相关于单位围压作用，即初始裂隙越大，围压作用下裂隙闭合幅度越大；粗糙裂隙导水性密切相关于裂隙面有效连通空隙、连通空隙曲折度、裂隙面凹凸值，图4-23b中粗糙裂隙渗流速度基本正相关于平均裂隙宽度，对比粗糙裂隙2、3及裂隙4、5、6渗流速度，可知粗糙裂隙面渗流速度同时受到裂隙空隙连通性、导水路径及凹凸面值影响，即裂隙平均宽度

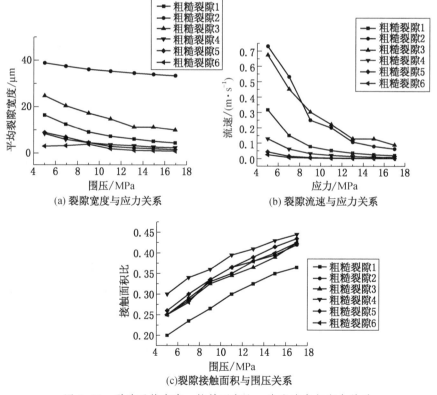

图4-23　裂隙平均宽度、接触面积比、渗流速度与应力关系

一定情况下，裂隙越粗糙导水能力越低；图 4-23c 反映出随围压增大，裂隙面有效接触面积逐渐增大，并以对数形式呈前期快速增大，14~17 MPa 缓慢增加趋势。

由图 4-24 可知，裂隙溶质输运速度正相关于裂隙宽度及裂隙渗流速度，相比溶质输运速度，溶质浓度负相关于裂隙宽度及渗流速度，同时在较大裂隙面凹凸值及较小空隙有效空隙连通性下，溶质越富集；一定粗糙裂隙条件下，出口处溶质浓度随时间增加，以负指数形式，在 0~10 h 内快速减小，随后逐渐降低，最终降为 0。

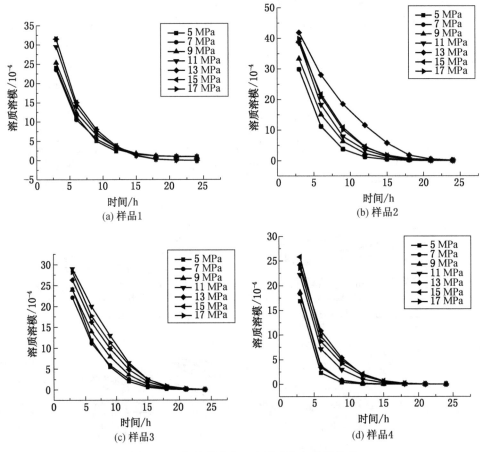

图 4-24 粗糙裂隙出口溶质浓度与时间关系

4.7.2.6 砂质泥岩裂隙应力渗流模型参数确定

由式（4-67）~式（4-74）可得砂质泥岩非达西流模型如下：

$$k = \frac{\left[(b_{in} - at^b)(1 - 1.1w)^4 \left(1 + \dfrac{2}{D}\right)^{3/5} \right]^2}{12} \tag{4-75}$$

$$\beta = \frac{Ap}{\left\{ 2^c \left[(b_{in} - at^b)(1 - 1.1w)^4 \left(1 + \dfrac{2}{D}\right)^{3/5} \right]^{c+1} \right\}} \tag{4-76}$$

4.7.2.7 交叉裂隙耦合应力—裂隙渗流—溶质输运场特征

$k=0$ 时双裂隙岩体渗流及溶质运移规律如图 4-25 所示,轴向压力值为 18.3 MPa 时,18.3 MPa、14.3 MPa、10.3 MPa、7.3 MPa 及 6.3 MPa 围压下,对应最大渗流速度分别为 2.29×10^{-2} m/s、4.42×10^{-2} m/s、6.09×10^{-2} m/s、9.66×10^{-2} m/s、1.11×10^{-1} m/s,负相关于围压值,说明随岩样围压增大,岩体内双裂隙面均发生变动,非均匀性裂隙宽度逐渐闭合,致使有效导水路径减少,导水路径宽度降低;同一应力状态下,裂隙溶质含量在 3~12 h 内逐渐降低,并表现为前段时间快速降低,后段时间缓慢降低,最低溶质含量区集中在双裂隙交叉处,倾斜及垂直裂隙面均出现块状及丝带状溶质集中区域,随时间推移,块状溶质集中区域逐渐减小,丝带状溶质集中区域整体缓慢减小,并出现非均匀性分布,说明在粗糙裂隙面流体对流作用下,渗流速度较大区域内裂隙面出现涡流、惯性流,致使溶质短时间内的局部滞留,以及低渗流区域弱对流作用下,溶质的缓慢释放效应;随围压减小,双裂隙宽度增加,较高速度流体对流作用下,裂隙溶质浓度快速降低,同时出现非均匀分布的块状及丝带状溶质集中区,然而整体所占面积逐渐减小,说明随裂隙宽度增加,粗糙裂隙凹凸高度及裂隙粗糙度对流体流动状态的影响逐渐降低,涡流、惯性流现象逐渐减小,流体逐渐趋于层流运动;岩样围压应力较低状态下,溶质密集分布区的时间效应显著,随时间增长,溶质密集区数量及所占面积快速减小降低;裂隙交叉区域,低浓度溶质集中分布,并随围压减小分布面积逐渐增大,相比粗糙裂隙面,低浓度交叉裂隙区域对光滑裂隙面变动更为敏感。

4.7.2.8 不同加载路径下裂隙耦合场效应

煤层开采过程中,随采煤工作面推进,沿工作面推进方向将产生垂直超前支承压力,上覆岩层在工作面前方 10~30 m 范围内呈现弹塑性状态,产生大量裂隙;超前支承压力在工作面推进方向呈现缓慢增加,后大幅度降低趋势,其中峰值点垂直应力为原岩应力的 1.5~7 倍,相比垂直应力,水平应力由工作面前方至工作面呈现逐渐降低趋势。因此研究不同垂直应力与水平应力比状态下的多裂隙岩体介质渗流及溶质运移规律,对煤层安全开采及地下水环境保护具有重要意义。模拟试验中分别按 $k=0$、$k=0.5$、$k=1$(垂直应力加载量:水平应

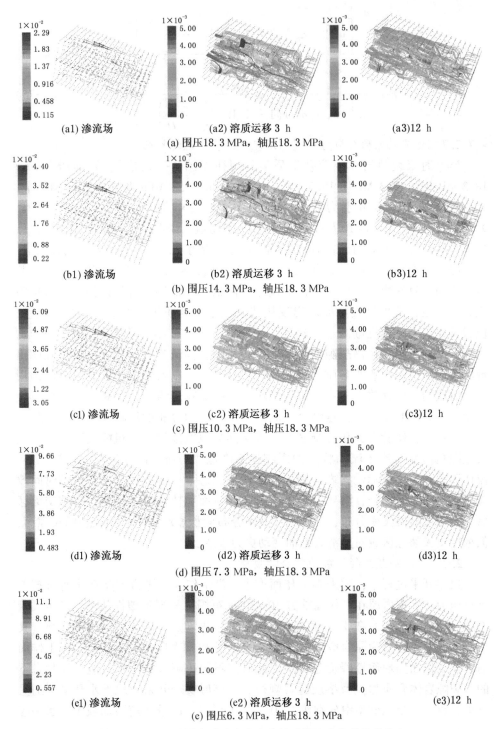

(a1) 渗流场　　　　　　　　(a2) 溶质运移 3 h　　　　　　　(a3)12 h

(a) 围压18.3 MPa，轴压18.3 MPa

(b1) 渗流场　　　　　　　　(b2) 溶质运移 3 h　　　　　　　(b3)12 h

(b) 围压14.3 MPa，轴压18.3 MPa

(c1) 渗流场　　　　　　　　(c2) 溶质运移 3 h　　　　　　　(c3)12 h

(c) 围压10.3 MPa，轴压18.3 MPa

(d1) 渗流场　　　　　　　　(d2) 溶质运移 3 h　　　　　　　(d3)12 h

(d) 围压 7.3 MPa，轴压18.3 MPa

(e1) 渗流场　　　　　　　　(e2) 溶质运移 3 h　　　　　　　(e3)12 h

(e) 围压6.3 MPa，轴压18.3 MPa

图 4-25　$k=0$ 不同水平垂直应力作用下渗流—溶质转移特征

力卸载量）试验条件，进行双裂隙岩体渗流及溶质运移规律研究，具体结果如图 4-26 所示。

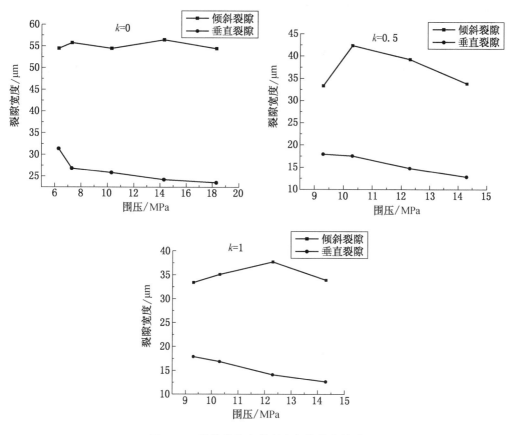

图 4-26　裂隙宽度与轴径向加载量比关系

由图 4-26 可知，一定 k 值下倾斜裂隙与垂直裂隙平均宽度对围压增长具有不同影响，其中倾斜裂隙平均宽度随围压增长呈先缓慢增长，后以较快速度下降；垂直裂隙平均宽度则正相关于围压，随围压增长呈均匀下降趋势；随 k 值增大，倾斜裂隙平均宽度最大值逐渐向高围压状态推移，垂直裂隙平均宽度随围压变动更为缓和；说明轴向径向应力比对不同形态裂隙具有不同影响，相比垂直裂隙，倾斜裂隙的围压敏感性更高；随 k 值增大，倾斜裂隙平均宽度整体呈减小趋势，而垂直裂隙平均宽度基本保持不变，说明相比垂直裂隙，轴向应力变动对倾斜裂隙具有更为明显作用。

图 4-27 反映出一定 k 值下，随围压释放双裂隙岩体渗流速度呈指数型上升趋势，对应 3 h 溶浸液溶质浓度出现先波动性变动，说明随围压变动，裂隙面贯

通性发生变动，表现为连通型空隙的各向异性，裂隙溶质在非均匀贯通空隙运移时，发生局部滞留及区域加速运移现象，最终表现为不同应力状态下溶质浓度波动性变动；随时间增长，溶质浓度在不同应力作用下基本一致，说明低浓度溶质对围压变动敏感性降低；随 k 值增大，裂隙岩体渗流速度整体呈现降低趋势，渗流速度对围压变动敏感点逐渐增大，由 $k=0$ 状态下的 8 MPa 增至 $k=1$ 状态下的 12.5 MPa；随 k 值增大，溶质浓度随围压变动而呈现的波动性逐渐降

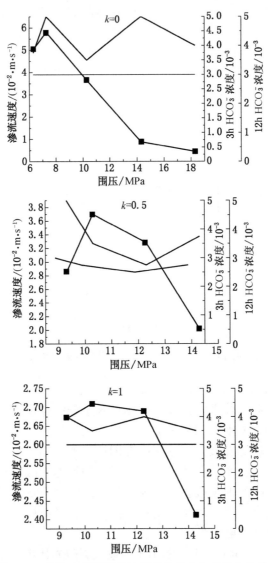

图 4-27 渗流速度及溶质浓度与轴径向加载量之比关系

低，由 $k=0$ 状态 3 h 时的大幅度波动，降至 $k=1$ 状态下的小幅度浮动，k 值大小对 12 h 时的溶质浓度基本无影响。

4.8 小结

基于裂隙介质、多孔介质流固耦合理论及溶质化学反应输运机理，构建了耦合应力—裂隙—渗流及溶质化学反应—输运模型，结合 FLAC3D 及 CFD 模拟特性，构建了 FLAC3D-CFD 流固化耦合模拟器，对比试验结果验证了多场耦合模型及数值模拟器的准确性，并针对多场耦合下多孔介质及裂隙介质特征进行了具体研究，得出以下结论：

（1）基于裂隙岩体等效剪切模量、体积模量、渗透率张量理论及裂隙宽度—应力模型，结合非达西流渗透率 k、非达西流因子 β 的裂隙几何参数模型及溶质化学反应—输运方程，构建 FLAC3D-CFD 的多孔介质及裂隙介质数值模型，通过比对耦合应力—渗流场的数值模拟结果和室内试验结果，数值模拟的准确性得到了验证，并得出误差主要由砾岩含水层骨料及细砂组分配比、应力及水力压力引起；砾岩含水层成分中骨料体积分数越高，则在高应力作用下，骨料发生破碎的可能性越大，砾岩含水层成分中细砂体积分数越大，则在低应力高水头压力作用下，细砂流动沉积现象出现的可能性越大。通过定量分析单场作用下氧化铀、溶浸液铀元素浓度及 O_2、CO_3^{2-} 和 HCO_3^- 浓度变动情况，耦合应力—渗流—化学场模型准确性得到了验证。

（2）模拟地浸采铀中铀矿开采速度及地浸开采演化特征，得出 O_2、CO_3^{2-} 及 HCO_3^- 浓度对铀矿开采速度及溶浸液铀元素浓度变动具有相似影响，即随反应物浓度升高，前期铀矿开采速度快速增加，后期由于氧化铀质量分数降低，致使地浸采铀速度及溶浸液铀元素浓度低于初始较低反应物浓度对应的状况；地浸采铀中氧化铀残余量与开采时间呈指数关系；铀矿品位对地浸采铀具有重要影响，维持一定浓度溶浸液注入速度下，铀品位越高，开采速度越快，最终开采速度降至与相同开采条件下低品位铀矿水平。

（3）模拟采煤工作面上部铀矿地浸开采状况，得出应力场大幅度变动对渗流场及化学反应场具有重要影响，其中采煤工作面附近 1~5 m 内地应力快速降低，致使上覆多孔介质孔隙渗透性增大，地浸采铀所需溶浸液的渗流速度加大，促进了地浸采铀进展；而工作面后方 100~300 m 范围内，原岩应力开始恢复，对应多孔介质渗透性降低，同时氧化铀含量降低，铀矿开采速度相对缓慢，溶浸液中铀元素浓度进一步降低。

（4）裂隙介质溶质输运过程中，应力场、渗流场在裂隙和基质中呈现非均匀性分布，其中在裂隙面附近整体呈现应力降低现象，裂隙面局部出现应力集中及应力耗散，孔隙压力在裂隙面主要表现为局部增大、降低；裂隙介质岩体中溶质输运速度正相关于水头压力，溶质浓度负相关于水头压力及时间，水头压力增大加强了裂隙面中空隙连通性，加速渗流速度及有效渗流面积；粗糙裂隙面非均匀性空隙分布，出现局部水头应力集中及耗散现象，使得部分裂隙面出现涡流及溶质滞留现象；裂隙溶质浓度正相关于裂隙应力值，应力越大，一定时间内裂隙内部溶质残余量越大。

（5）双裂隙面岩体，岩样围压增大，岩体内双裂隙面均发生变动，非均匀裂隙宽度逐渐闭合，有效导水路径数量减少，导水路径大小降低，双裂隙交叉处为低浓度溶质集中区；裂隙面凹凸高度、贯通性空隙，在高速流条件下对流体流动状态具有显著影响，并伴随出现涡流、惯性流现象，较低速流条件下裂隙流体逐渐趋于层流运动。不同轴径向加卸载量比下，裂隙岩体呈现不同渗流—溶质输运状态，其中 $k=1$ 下裂隙渗流现象显著，具体表现为渗流速度大，溶质输运能力强，$k=0$ 下流体则以层流为主，溶质缓慢运移。

5 煤铀协调开采物理透视化相似模拟

5.1 引言

物理相似模拟模型是研究地下煤层采动、巷道开采及隧道工程等引发的岩层运动和应力场变化状况的重要手段。传统物理相似模拟以砂子为骨料，石灰、石膏、水泥为胶结料，通过物理搅拌配制固体非透明岩层岩体介质。本章研究中，以硅胶粉、硅胶颗粒为骨料，石蜡油、正十三烷为胶结剂配制透明材料，进行煤铀协调开采的可视化模拟研究。其中地浸采铀溶浸液采用油红 O 染色矿物液配制，有效模拟煤层开采及铀矿地浸开采所涉及工艺，并配备 PIV 可视化监测系统，实时捕获煤铀协调开采形成的岩层应力场、裂隙场、渗透场时空耦合变量，尤其是煤层开采形成的裂隙场发育与铀矿地浸开采溶浸液空间扩散范围。

5.2 工程现场地质赋存状况

选取某煤铀共生矿为研究对象，进行煤铀协调开采下的多场耦合特征及溶质化学—输运特征研究。所研究煤铀共生矿煤矿井田东西最长 25.494 km，南北最宽 15.692 km，面积为 229.452 km²，矿井设计生产能力 1000 万 t/a。该矿井田内共查明可采煤层 4 层（3-1、4-1、4-2 和 5-1），主采煤层为 3-1，平均埋深为 600 m，厚度在 0.6~12.2 m，平均 3.36 m。

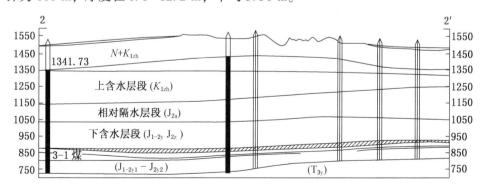

图5-1 煤铀共生矿煤与共伴生铀、水资源赋存图

煤矿建设期间，中核集团在该矿东翼采区范围内发现了特大型砂岩型铀矿，矿体平均埋深为 410 m，距离 3-1 煤层 90~150 m，平均厚度为 3.74 m，面积为 32.86 km²。该铀矿层主要赋矿层位为侏罗系直罗组下段砂岩，该含水层为 3-1 煤层顶板直接充水含水层，煤层的开采势必引起铀矿层水位的下降，破坏了铀矿的开采条件，并带来一系列的开采、安全和环境问题（图 5-1）。

5.3 研究手段及方式

煤铀共生资源协调开采过程中，主要涉及应力场、裂隙场、渗流场、化学反应场及溶质输运场间的耦合。以某煤铀共生矿为例，共伴生资源赋存水文地质环境涉及多孔介质、裂隙介质、流动水体环境及地浸开采溶液。煤铀协调开采可能涉及以下问题：

（1）煤层采动引起上覆岩层移动，严重的还会延伸至地表造成地表沉陷，铀矿床位于煤层之上，煤层采空后导致上部地层塌陷，进而影响铀矿开采或破坏铀矿矿床；

（2）煤层采动裂缝带导通上部含水层引起地下水位降低，破坏铀矿资源地浸开采条件，威胁或导致铀矿不能开发利用；

（3）下部煤矿开采活动导致含铀矿层再活化，存在放射性污染风险。一方面，在下部煤矿开采活动过程中，煤层顶板垮落导致铀矿层附近隔水层破坏，使得铀矿污染物进入地下含水层扩散，进而造成严重的环境污染；另一方面，铀矿污染物或含污染物的地下水体通过煤矿岩层垮落裂缝带进入煤矿采区，进而影响煤矿资源的安全开采。

结合煤铀开采工艺，共伴生资源开采的多物理场及化学场时空耦合效应，运用多孔介质、裂隙介质耦合应力—渗流—化学反应溶质输运模型，依次进行先铀后煤，先煤后铀、煤铀共采情景模拟，对铀矿层破坏状况、含水层水位下降状况及含铀地浸液扩散状况进行监测研究，深入探讨煤铀开采对地下应力环境、流体环境及岩体介质状态的影响。

5.4 试验台结构

根据煤铀开采工艺、赋存地质条件及开采工艺，进行加载渗流设备设计，通过与机械设备加工厂商合作，进行煤铀协调开采加载渗流设备研制。煤铀协调开采试验台主要包括控制系统、加载系统、监测系统，其中加载系统包括固体加载（用于模型应力边界设定）、液体加载（用于还原承压含水层及地浸铀矿抽注）；监测系统包括应力监测、位移监测，其中应力监测系统为微型应变片传感器监测，位移监测配备激光源及配套棱镜、CCTV 或高速照相机。具体功能包括煤层上覆岩层加载、饱和承压含水层模拟、煤层实时开采及铀矿地浸抽注开采，由液压伺服机构驱动并实时记录保存试验数据，具体包括铀矿地浸开采溶浸液压力、流量，压力机位移、应力，设备具体参数见表5-1，结构如图5-2所示。

表5-1　煤铀协调开采模拟设备主要技术参数

名称	功率/kW	压力/MPa	量程/mm	精度	流量/(L·min⁻¹)	控制系统
压力机	5.5	—	400	0.1 mm	—	PLC
抽注液泵	1	0~10	—	0.01 mL	0~1.2	PLC

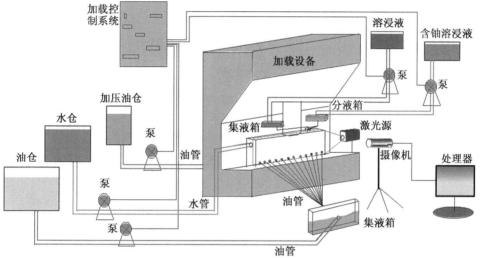

图5-2　煤铀协调开采模拟试验台结构图

透明材料相似模拟试验具体包括透明材料配制，透明材料属性的力学测试、光学测试，以及相应试验工艺，其中透明材料主要为胶结液、骨料，本文分别选取200~300目、20~40目硅胶粉作为骨料颗粒，饱和液选取石蜡油及正十三烷混合液，由于混合矿物折射率与选取硅胶粉相近，均在1.41~1.46，因此可以确保所配制透明岩层透明度。试验工艺方面主要包括煤铀赋存岩层还原，以及地质水文、地质应力还原，煤铀开采工艺模拟。

透明材料相似模拟试验，所用模型尺寸为40 cm×20 cm×40 cm(长×宽×高)，材料为透明亚克力玻璃板，周边螺栓胶体密封，混合透明材料用大功率基座式工业搅拌器搅拌，最后用工业级真空泵对饱和透明材料抽取真空，减少透明材料中气泡，提高透明效果。煤铀协调开采试验系统如图5-3所示。

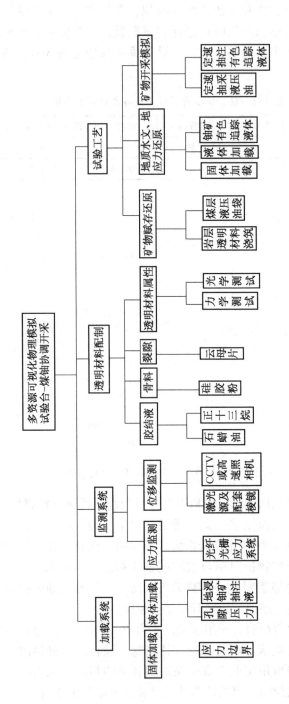

图 5-3　煤铀协调开采试验系统

90

5.5 流固耦合材料相似比计算

采用均匀连续介质流固耦合数学模型：

$$K_x \frac{\partial^2 p}{\partial x^2} + K_y \frac{\partial^2 p}{\partial y^2} + K_z \frac{\partial^2 p}{\partial z^2} = S \frac{\partial p}{\partial t} + \frac{\partial e}{\partial t} + W \tag{5-1}$$

弹性力学平衡方程：

$$\sigma_{ij,i} + X_j = \rho \frac{\partial^2 u_i}{\partial t^2} \tag{5-2}$$

有效应力方程：

$$\sigma_{ij} = \overline{\sigma_{ij}} + \alpha \delta p \tag{5-3}$$

方程（5-1）~方程（5-3）组成了均匀连续介质的流固耦合方程，式中，K_x、K_y、K_z 分别为三个坐标方向的渗透系数，这里有 $K_x = K_y = K_z$；p 为水压力；S 为贮水系数；W 为源汇项；e 为体积应变；σ_{ij} 为总应力张量；$\overline{\sigma_{ij}}$ 为有效应力张量；X_j 为体积力；ρ 为密度；α 为 Biolt 有效应力系数；δ 为 Kronker 记号。

结合弹性力学平衡方程、几何方程、物理方程，消去应力和应变分量得只包含位移分量的方程：

$$\begin{cases} G \nabla^2 u + (\lambda + G) \dfrac{\partial e}{\partial x} + X = \rho \dfrac{\partial^2 u}{\partial t^2} \\[2mm] G \nabla^2 v + (\lambda + G) \dfrac{\partial e}{\partial y} + Y = \rho \dfrac{\partial^2 v}{\partial t^2} \\[2mm] G \nabla^2 w + (\lambda + G) \dfrac{\partial e}{\partial z} + Z = \rho \dfrac{\partial^2 w}{\partial t^2} \end{cases} \tag{5-4}$$

式中
$$\nabla^2 = \frac{\partial^2}{\partial x^2} + \frac{\partial^2}{\partial y^2} + \frac{\partial^2}{\partial z^2}$$ ——拉普拉斯算子符号；

$$G = \frac{E}{2(1 + \mu)}$$ —— 剪切弹性模量；

$$\lambda = \frac{\mu E}{(1 + \mu)(1 - 2\mu)}$$ —— 拉梅常数；

$$e = \frac{\partial u}{\partial x} + \frac{\partial v}{\partial y} + \frac{\partial w}{\partial z}$$ ——体积应变；

X、Y、Z——三个方向的体积力。

上述方程对原型（′）及模型（″）均适用。

则 $C_G = \dfrac{G'}{G''}$；$C_E = \dfrac{E'}{E''}$；$C_1 = \dfrac{x'}{x''}$；$C_\lambda = \dfrac{\lambda'}{\lambda''}$；$C_e = \dfrac{e'}{e''}$；$C_u = \dfrac{u'}{u''}$；$C_\gamma = \dfrac{X'}{X''}$；

$C_\rho = \dfrac{\rho'}{\rho''}$；$C_t = \dfrac{t'}{t''}$。同时，$\dfrac{\partial e'}{\partial x'} = \dfrac{1}{C_1} \dfrac{\partial e''}{\partial x''}$；$\nabla^2 u' = \dfrac{C_u}{C_1^2} \nabla^2 u''$；$\dfrac{\partial^2 u'}{\partial t'^2} = \dfrac{C_u}{C_t^2} \dfrac{\partial^2 u''}{\partial t''^2}$。

将上述关系式代入原型方程（5-4）的第一个方程，得

$$C_G G'' \frac{C_u}{C_1^2} \nabla^2 u'' + (C_\lambda \lambda'' + C_G G'') \frac{C_e}{C_1} \frac{\partial e''}{\partial x''} + C_\gamma X'' = C_\rho \rho'' \frac{C_u}{C_t^2} \frac{\partial^2 u''}{\partial t''^2} \quad (5-5)$$

因为原型与模型均符合方程（5-4），将方程（5-5）系数与其对比可知：

$$C_G \frac{C_u}{C_1^2} = C_\lambda \frac{C_e}{C_1} = C_G \frac{C_e}{C_1} = C_\gamma = C_\rho \frac{C_u}{C_t^2}$$

设 $\psi_1 = C_G \dfrac{C_u}{C_1^2}$，$\psi_2 = C_\lambda \dfrac{C_e}{C_1}$，$\psi_3 = C_G \dfrac{C_e}{C_1}$，$\psi_4 = C_\gamma$，$\psi_5 = C_\rho \dfrac{C_u}{C_t^2}$，由此可以推出：

（1）几何相似：由 $\psi_1 = \psi_5$ 得 $C_u = C_e C_1$，因为应变无量纲，取 $C_e = 1$，所以 $C_u = C_1$。

（2）应力相似：由 $\psi_3 = \psi_4$ 得 $C_G C_e = C_\gamma C_1$，$C_e = 1$，则有 $C_G = C_\gamma C_1$。根据相似原理与量纲的其次原则，则具有相同量纲的量相似比相同，可以推出 $C_G = C_\lambda = C_E = C_p = C_\gamma C_1$。

（3）时间相似：由 $\psi_1 = \psi_5$ 得 $C_G \dfrac{C_u}{C_1^2} = C_\rho \dfrac{C_u}{C_t^2}$，得 $C_t = C_1 \sqrt{\dfrac{C_\rho}{C_E}}$。又由 $\psi_4 = \psi_5$ 得 $C_\gamma = C_\rho \dfrac{C_u}{C_t^2}$，而 $C_\gamma = C_\rho C_g$ 且重力场不变，$C_g = 1$，结合 $C_u = C_e C_1$ 得 $C_t = \sqrt{C_1 C_e}$，$C_e = 1$，则 $C_t = \sqrt{C_1}$。

（4）载荷相似：$C_F = C_\gamma C_1^3$。

对于方程（5-1）可设 $K_x = K_y = K_z = K$ 且有 $K' = C_K K''$，$S' = C_S S''$，$Q' = C_Q Q''$，$y' = C_1 y''$，$z' = C_1 z''$，将其代入方程（5-1）可得

$$C_K K'' \frac{C_P}{C_1^2} \left(\frac{\partial^2 p''}{\partial x''^2} + \frac{\partial^2 p''}{\partial y''^2} + \frac{\partial^2 p''}{\partial z''^2} \right) = C_S S'' \frac{C_p}{C_t} \frac{\partial p''}{\partial t''} + \frac{C_e}{C_t} \frac{\partial e''}{\partial t''} + C_w W'' \quad (5-6)$$

与原型对比可得 $C_K \dfrac{C_P}{C_1^2} = C_S \dfrac{C_p}{C_t} = \dfrac{C_e}{C_t} = C_w$，$C_e = 1$，$C_p = C_\lambda C_1$，$C_t = \sqrt{C_1}$。

（5）源汇项相似：$C_w = \dfrac{1}{\sqrt{C_1}}$。

（6）贮水系数相似：$C_S = \dfrac{1}{C_\gamma \sqrt{C_1}}$。

（7）渗透系数相似：$C_K = \dfrac{\sqrt{C_1}}{C_\gamma}$。

5.6 试验方案及操作步骤

依据煤铀赋存地质条件，还原煤铀开采方式及原岩应力环境，依次进行先铀后煤、先煤后铀及煤铀共采情景下，透明材料透视化裂隙发育及溶浸液扩散效果监测。铀矿开采设计采用7点型地浸开采，抽注液井间距为30 m，抽液量为8 m³/h，依据相似比依次进行换算。模拟铀矿层赋存深度为460 m，位于砂岩型含铀含水层中；模拟岩层包括煤层、砂质泥岩层、砾岩含水层及粗粒砂岩层，其中煤层由水袋模拟，按煤层开采速度16 m/d进行单个水袋设计；砂质泥岩层由200~300目试验级硅胶粉混合矿物油配置；砾岩含水层及粗粒砂岩层由200~300目及20~40目硅胶粉混合矿物油配置。具体试验步骤为：

（1）首先将石蜡油与正十三烷按质量比0.85∶1进行混合矿物油配置，并用搅拌器进行充分搅拌；待矿物油混合均匀后，按混合矿物油∶硅胶粉=1∶0.65的质量比称取硅胶粉，并通过搅拌器将硅胶粉与混合矿物油充分搅拌1 h，然后置于真空箱中抽真空10 h，最终形成如图5-4a所示透明胶状混合物；利用50 mm×140 mm及39.1 mm×70 mm模具分别盛取透明胶状混合物，并置于真空箱中抽取真空1 h；利用压机进行加压固结，其中加载应力范围为1~2.5 MPa，加压固结9 d后形成图5-4c所示的透明试件，运用TCK-1型三轴试验测量控制仪进行材料力学参数测试。

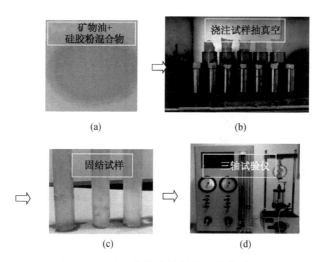

图5-4 透明材料试件制备及力学测试

（2）材料具体力学参数测试完毕，材料配比及加压固结工序确定后，进行砂质泥岩、砾岩含水层及粗粒岩配制，并浇筑至透明磨具中抽真空饱和12 h，至材料气泡完全排净；固结加压至材料达到模拟强度。

（3）配制溶浸液追踪剂，将饱和油红 O 染色剂滴至部分配制好的透明材料中，充分混合静置 24 h；将充分染色的透明材料置于未染色的透明材料中，并倒入一定量的矿物油混合液淹没透明材料，静置 24 h，混合物出现明显分层，如图 5-5 所示，分别为未染色透明材料、染色透明材料及混合矿物油，说明红油 O 染色剂可对透明材料完全染色，并且不进行外围扩散。

图 5-5　地浸采铀溶浸液制备

（4）维持水袋稳定，通过控制系统打开抽注液泵进行先铀开采情景下铀矿地浸开采模拟。

（5）按 16 m/d 煤层开采速度进行水袋抽液，同时打开抽注液泵进行煤铀同采情景下铀矿地浸开采模拟。

（6）首先开采煤层，待煤层开采采场裂缝带发育稳定后，打开抽注液泵进行煤层先采情景下铀矿地浸开采。

配制流程及试验效果如图 5-6 所示。

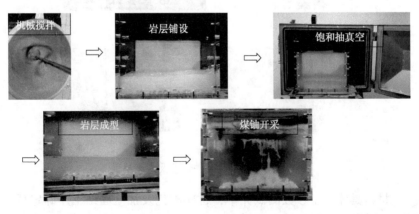

图 5-6　透明岩层配制流程及试验效果

5.7 物理模拟结果及分析

5.7.1 煤铀共采开采演化特征

按 5.6 中步骤（6）进行煤铀共采开采模拟，地浸采铀溶浸液扩散范围及煤层开采扰动覆岩裂隙发育状况如图 5-7 所示。

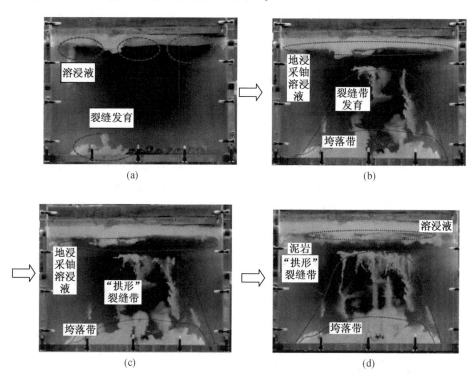

(a)　　　　　　　　　　　　　(b)

(c)　　　　　　　　　　　　　(d)

图 5-7　煤铀共采基于时间效应的裂隙发育及溶浸液运移状况

试验中布设两组抽注井，红色溶浸液开始定速注入含铀砂岩含水层中时，注液井周边形成圆锥状溶浸液扩散区，在抽液井负压作用下，溶浸液在流体对流作用下逐渐扩散运移至抽液井；同时释放端头水袋流体，进行第一天煤层开采，随煤层沿走向方向开采增加，煤层上覆砂质泥岩开始破坏，形成垮落裂缝带；图 5-7a 中显示煤层开采至第 3 天，即 48 m 时裂缝带高度呈一次递增趋势发展，此时铀矿正常地浸开采，溶浸液没有继续下渗，而是以水平运动形式由注液井流向抽液井；采煤工作面继续推进至 112 m 时，采场裂缝带高度最大值维持在煤层上方 90 m 左右，并在采煤工作面前方 20 m 范围内形成塑性区，此时溶浸液保持水平平衡流动状态；工作面推进至 150 m 时，采场裂缝带高度最大值维持在 90 m 左右，并由采场中部向周边扩展一定范围，此时溶浸液仍在含铀砂岩层中水平运动，无明显垂直下渗现象；工作面推进至 150 m 处，待上覆岩层受煤层开采影响，应力平衡后，由图 5-7d 可知，煤层采场覆岩裂缝带周边呈"拱形"分布，裂缝带高度最大值位于采场中部，并由中部向采场开切眼及工作面方向逐渐减小，此时铀矿正常地浸开采，溶浸液无明显垂直下渗现象。

煤铀同采情况下，铀矿地浸开采溶浸液在煤层开采期间并未出现明显垂直运移，而是在抽注井正负压下进行水平动态平衡运动，煤层采场裂缝带出现"拱形"边界面，并较长时间维持稳定状态，裂缝带高度最大值为 90 m 左右，20 倍于煤层厚度；裂隙"拱形"分界面的出现，说明煤层上覆岩层中无关键层情况下，裂缝带外缘易形成"拱形"承压结构，承接上覆岩层重量，对采煤工作面形成一定保护作用。

5.7.2　不同煤铀开采情景对比

依据试验情景方案，先铀后煤、先煤后铀及煤铀共采情景下，铀矿地浸开采溶浸液扩散状况、煤层采动裂隙场发育状况、地下流体对流作用及弥散作用对溶浸液扩散影响状况具体如图 5-8 所示。

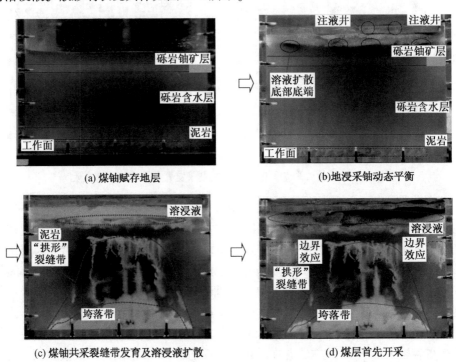

(a) 煤铀赋存地层　　　　　　　(b) 地浸采铀动态平衡

(c) 煤铀共采裂缝带发育及溶浸液扩散　　　(d) 煤层首先开采

图 5-8　不同开采情景下岩层裂隙发育及溶浸液运移状况

图 5-8b 中先铀后煤情景下，由于铀矿含矿含水层不能与采煤工作面形成负压差，溶浸液水平动态平衡运动，溶浸液下渗至一定距离后基本维持在该水平，长时间内不下渗；煤铀共采情景下，煤层开采扰动所形成的"拱形"裂缝带未对铀矿层形成强烈扰动，如图 5-8c 所示，溶浸液最大下渗深度距离裂缝带高度仍有一定距离，短时间内不会出现垂直下渗运动；先煤后铀情景下，长时间内溶浸液在弥散作用下，可能会下渗至煤层采场裂缝带内，当到达裂缝带内时，溶浸液在水体对流作用下将加速下渗至煤层采空区。

对比不同开采情景下煤铀开采过程中，溶浸液扩散运动及煤层采场裂缝带发育规律可知，先铀后煤情景下，铀矿开采期间铀矿溶浸液不会下渗至煤层；煤铀共采情景下，短时间内铀矿溶浸液不会下渗至采煤工作面；先开采煤层情景下，短时间内铀矿溶浸液以水平移动为主，垂直下渗现象不明显，长时间内溶浸液在扩散作用下，可能穿过保护层（对流作用下溶浸液下渗深度与裂缝带高度间距离），下渗至裂缝带内，并在裂缝带水体对流作用下加速下渗至煤层采空区。

5.8 小结

通过配制透明材料，进行不同煤铀开采情景下地浸采铀溶浸液扩散运移及煤层裂缝带发育规律研究，得出以下结论：

（1）硅胶粉混合矿物油可配制一定强度的煤铀赋存岩层，200~300 目硅胶粉颗粒加载固结，满足砂质泥岩相似模拟强度，同时具有很好的隔水效果，对砂质泥岩具有很好的模拟效果；20~40 目硅胶粉析油效果显著，可模拟砾岩含水层，同时 200~300 目与 20~40 目硅胶粉混合，可较好地模拟泥砾岩层。

（2）透明材料在煤层开采扰动作用下，可自动析油吸气形成白色区域，形成扰动裂缝带，可直接通过观测白色区域掌握裂缝带发育状况；饱和油红 O 染色剂具有很好的染色效果，可有效追踪铀矿溶浸液在透明材料中的运移情况，为掌握地浸采铀溶浸液的地下运移规律提供了可能。

（3）煤铀共采情景下，铀矿地浸开采溶浸液在煤层开采期间并未出现明显垂直运移，而是在抽注井正负压下进行动态平衡的层流运动，煤层采场裂缝带出现"拱形"边界面，并较长时间维持稳定状态，裂缝带高度最大值为 90 m 左右；裂隙"拱形"分界面的出现，说明煤层上覆岩层中无关键层情况下，裂缝带外缘易形成"拱形"承压结构，承接上覆岩层载荷，对采煤工作面形成一定保护。

（4）先铀后煤开采情景下，铀矿开采期间铀矿溶浸液不会下渗至煤层；煤铀共采情景下，短时间内铀矿溶浸液不会下渗至采煤工作面；先开采煤层情景下，短时间内铀矿溶浸液以水平移动为主，垂直下渗现象不明显，长时间内溶浸液在扩散作用下，可能穿过保护层（对流作用下溶浸液下渗深度与裂缝带发育高度间距离），下渗至裂缝带内，并在裂缝带水体对流作用下加速下渗至煤层采空区。

6 煤铀协调开采数值模拟及安全评价

6.1 引言

关键层理论、应力拱及流体渗流定理提供了应力—渗流场耦合作用的理论支撑，针对煤铀协调开采方面，根据地质钻孔剖面，可知煤铀赋存环境涉及具体煤层、砂质泥岩层、砂砾岩层及含铀含水层，煤层开采涉及应力场、裂隙场及渗流场，铀矿开采涉及流固反应及多相流溶质输运过程。煤铀协调开采将涉及多物理场及化学场的时空耦合作用，本章充分考虑煤铀赋存环境及开采涉及的多场耦合效应，建立煤层采动裂缝带几何模型，充分发挥 FLAC3D 在地下工程开采中固体介质损伤破损模拟的优势及 CFD 在多相流体化学反应—输运模拟的优势，运用 FLAC3D-CFD 模拟器，结合煤铀协调开采透明物理相似模拟试验，进行不同情景下煤铀开采模拟，验证砾岩含水层下煤层采动裂缝带几何模型，研究应力场、裂隙场、渗流场、溶质化学反应—输运场的时空耦合研究，提出煤铀协调开采技术概念，制定煤铀开采安全评价初步标准。

6.2 理论模型

基于透明材料物理相似模拟"拱形"裂缝带发育状况及文献 [16] 中所述垮落裂缝带轮廓面，即应力拱内曲面，认为采场裂缝带边界位于采场应力壳附近一定范围内的研究成果，对裂缝带"拱形"发育规律进行理论研究分析。本章在压力拱假说、应力壳理论和普氏理论基础上，建立薄基岩厚松散层深部采场覆岩裂缝带空间几何模型，推导了工作面覆岩裂缝带计算公式，并结合数值模拟，分析煤铀共存地层中采场工作面覆岩裂缝带分布情况。

6.2.1 充分采动下裂缝带几何模型

相关研究表明：工作面沿走向推进距离与工作面长度相等（即一次"见方"）时，采动影响较为充分，采场上覆岩层下沉量达到最大值。开采煤层的上覆岩层中，若能够形成稳定的承压拱结构，可认为此开采为非浅埋煤层开采。因此，为建立薄基岩厚松散层深部采场上覆岩层裂缝带空间分布几何模型（图 6-1），需进行如下假设：

（1）采场上覆破断岩层形成自然平衡拱满足普氏理论基本假设。

（2）采场可形成稳定承压拱且充分采动下，裂缝带下部边界位于采空区周边应力增高区内，且平面投影近似圆形。

（3）采场可形成稳定承压拱且充分采动后，裂缝带最大高度将保持稳定且随工作面推移而移动。

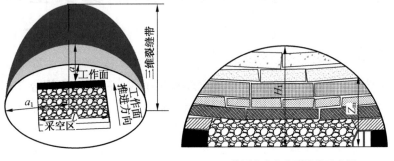

(a)宏观裂缝带形状　　　　(b)工作面走向方向裂缝带示意图

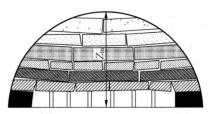

(c)工作面长度方向裂缝带示意图

图6-1　裂缝带空间分布示意图

基于上述假设，以平行工作面的采空区中心平面为基点，利用普氏理论计算中心平面裂缝带，具体步骤如下：

$$\sum M = 0 \tag{6-1}$$

$$Th - \frac{Qx^2}{2} = 0 \tag{6-2}$$

$$T' = T \tag{6-3}$$

$$T' \leqslant \frac{Qa_i f'}{2} \tag{6-4}$$

将式（6-3）、式（6-4）代入式（6-2）得

$$h = \frac{x^2}{a_i f'} \tag{6-5}$$

式中　M——弯矩，Nm；

100

h——拱高，m；

T——水平力，N；

T'——水平反力，N；

Q——上覆岩层载荷，N；

a_i——第 i 段普氏拱跨距，m；

f'——坚固系数。

i 取值 1，2，…，n。

令
$$x = a_i \tag{6-6}$$
$$h = H_i \tag{6-7}$$

将式（6-6）、式（6-7）代入式（6-5）得

$$f' = \frac{a_i}{H_i} \tag{6-8}$$

将式（6-8）代入式（6-5）得

$$h = \frac{H_i x^2}{a_i^2} \tag{6-9}$$

其中 H_1 由文献［78］中深部开采裂缝带高度最大值计算公式：

$$H_1 = \frac{1 + C_x L - \dfrac{\tau}{\gamma H}}{\eta} \tag{6-10}$$

式中　C_x——岩梁间力传递系数；

　　　τ——未破断岩层最大抗剪强度，MPa；

　　　L——工作面长度，m；

　　　γ——岩层容重，kN/m³。

计算得出。

式中，η 为表征岩层组合特性和采高对裂缝带高度影响的参数，其随顶板岩层坚硬度及采高呈负相关变化，即

$$\eta = \frac{k}{D} \tag{6-11}$$

$$k = \frac{\sum F}{(15 - 20)D} \tag{6-12}$$

$$H_{i-1} = \frac{H_i x_i^2}{a_i^2} \tag{6-13}$$

式中　　H_i——第 i 段拱高，m；

　　　H_{i-1}——第 $i-1$ 段拱高，m；

x_i——i 段位置坐标；

k——顶板岩层硬度系数；

F——裂缝带内软岩（黏土岩、泥岩、粉砂岩和煤层）累计厚度，m；

D——采高，m。

沿采空区走向以普氏理论为基础，式（6-13）几何抛物线为对称中心，建立如下几何模型：

$$Z = H_i - \left[\left(H_i - \frac{H_i x^2}{a_i^2} \right) \frac{y^2}{a_{ij}^2} + \frac{H_i x^2}{a_i^2} \right] \tag{6-14}$$

以 $D = \{ (x, y) \mid x^2 + y^2 \leqslant a_1^2 \}$ 为例，化简式（6-14）得

$$Z = H_i - \frac{H_i}{a_i^2} (y^2 + x^2) \tag{6-15}$$

式（6-15）即为简化的采场裂缝带空间分布几何模型，其宏观形状如图6-2所示。

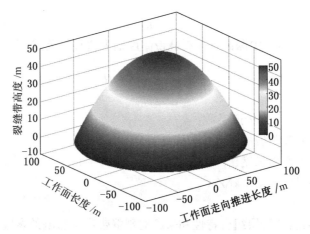

图6-2　充分采动条件下采场裂缝带模型

$$y = \frac{L}{2} - l \tag{6-16}$$

$$a_{ij} = a_g \tag{6-17}$$

$$H_i = H_g \tag{6-18}$$

将式（6-16）~式（6-18）代入式（6-14）得

$$Z_m = H_g \left\{ 1 - \frac{1}{a_g^2} \left[\left(\frac{L}{2} - l \right)^2 + x^2 \right] \right\} \tag{6-19}$$

式（6-19）为采场裂缝带几何模型下的工作面覆岩裂缝带计算公式。

式中，x，y 为位置坐标；j 取 1，2，3，…，n；a_{ij} 为走向第 ij 段普氏拱跨距，m；Z_m 为工作面覆岩裂缝带高度，m；l 为工作面控顶距，m；a_g 为工作面上方普氏拱走向跨度，m；H_g 为工作面上方普氏拱拱高，m；L 为压力增高区长度，m。

6.2.2 充分采动后裂缝带几何模型

由假设（3）可知，充分采动后采场裂缝带分布在采空区沿工作面走向方向的两端头处，可用式（6-14）表示。采空区中间段落则可用式（6-20）表示，其具体表达式如下：

$$
\begin{cases}
Z = H_i - \left[\left(H_i - \dfrac{H_i x^2}{a_i^2} \right) \dfrac{y^2}{a_{ij}^2} + \dfrac{H_i x^2}{a_i^2} \right] \\
x \in (-a_n, a_n), \ y \in (-w - a_{nn}, \ -w) \cup (0, a_{nn}) \quad (6\text{-}20) \\
Z = \dfrac{H_i x^2}{a_i^2}, \ x \in (-a_n, a_n), \ y \in (-w, 0)
\end{cases}
$$

以 $D = \{(x, y) \mid x^2 + y^2 \leqslant a_i^2\}$ 为例，化简式（6-20）得

$$
\begin{cases}
Z = \dfrac{H_i y^2}{a_i^2} + \dfrac{H_i x^2}{a_i^2} x \in (-a_n, a_n), \ y \in (-w - a_{nn}, \ -w) \cup (0, a_{nn}) \\
Z = \dfrac{H_i x^2}{a_i^2}, \ x \in (-a_n, a_n), \ y \in (-w, 0)
\end{cases}
$$

$$(6\text{-}21)$$

式中　w——工作面充分采动后推进距离，m。其宏观形状如图 6-3 所示。

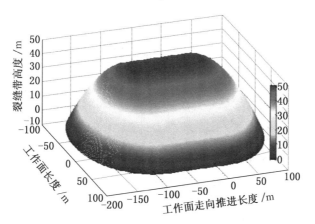

图 6-3　充分采动后采场裂缝带模型

6.3 煤铀协调开采模拟方案

铀矿层位于煤层上方 120 m 处，采用碱法地浸开采，所处环境为 J_{1-2y}-J_{2z} 承压含水层。进行现场抽水试验，运用渗透系数公式得出 WB1~WB13 号钻孔周边含水层渗透系数，见表 6-1。

表 6-1 现场抽水试验结果

孔号	抽水深度（起/止）/m	试验段孔径/mm	统降单位涌水量/（L·s⁻¹·m⁻¹）	渗透系数/（m·d⁻¹）	计算公式
WB1	307.86/510	127	0.091	0.0442	
WB3	368.5/522.81	168	0.096	0.0902	
WB4	379.85/526	127	0.161	0.0702	
WB6	391.58/547.54	127	0.164	0.2327	$k=\dfrac{0.366Q\rho g}{MS\mu}\lg\dfrac{R}{r}$
WB7	376.25/589	127	0.232	0.15	
WB8	517.05/696.25	168	0.084	0.041	$R=2S\sqrt{HK}$
WB10	517.45/666.55	127	0.091	0.057	
WB11	414.20/644.55	127	0.0465	0.0154	
WB12	535.9/704.15	127	0.039	0.0212	
WB13	460.95/603.01	127	0.069	0.0439	

采用 FLAC3D-CFD 进行耦合应力—渗流—化学场下煤铀协调开采研究。具体模型尺寸为 500 m×5 m×140 m（长×宽×高），单元网格大小为 4 m×5 m×4 m，煤层埋深按 600 m 计算，模型覆岩应力为 12.07 MPa，具体模型及对应力学参数如图 6-4、表 6-2 所示。

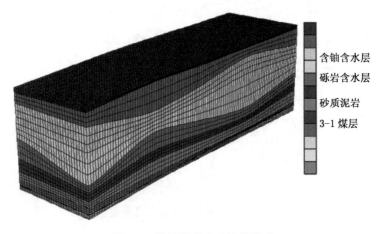

含铀含水层
砾岩含水层
砂质泥岩
3-1 煤层

图 6-4 煤铀协调开采地质模型

由于泥岩在无煤层开采扰动作用下，具有较强隔水效果，结合室内试验结果煤层上覆砂质泥岩视为低渗透性裂隙介质；煤层开采扰动后，依据煤层开采"三带"扰动理论，上覆砂质泥岩位于"三带"中的垮落带，破碎堆积，视为多孔介质；基于三维现场铀矿地浸开采技术，对应设置数值模型中所涉及的抽注井布设及抽注比。

表6-2 数值模拟力学参数

		密度 d/ (kg·m^{-3})	杨氏模量 E/GPa	泊松比 μ	内聚力 C/MPa	强度 σ_c/MPa	内摩擦角 ψ/(°)	初始渗透率 K/m^2
应力场	砂砾岩	1800	40e-3	0.25	8e-3	25	30	—
	砂质泥岩	2240	15.6	0.30	1.8	27	43	—
	煤	1600	12.1	0.25	1.1	14	24	—
	砂质泥岩	2350	13.6	0.32	0.91	50	45	—
化学场	砂砾岩	质量分数 (UO_2)	质量分数 (O_2)	质量分数 (CO_3^{2-})	质量分数 (HCO_3^-)	质量分数 $[UO_2(CO_3)_3^{4-}]$	反应速度/ (kg·m^{-3}·s^{-1})	弥散系数/ (m^2·s^{-1})
		0.005	0.005	0.01	0.02	0	105/10.5/1.05	—
渗流场	砂砾岩、砂质泥岩	孔隙度 φ	初始渗透率 K/m^2	初始非达西流因子 β/m^{-1}	扩散系数/ (m^2·s^{-1})	纵向弥散度/m	横向弥散度/m	
		0.285	7.0e-12	1.0e8	5e-5	20	0.67	

6.4 结果分析

6.4.1 煤铀协调开采时空耦合效应

以煤铀协调共采为例，研究应力—裂隙渗流及化学反应输运特征，其中煤层开采速度为 16 m/d，开采长度为 320 m，地浸抽注速度为 9 m^3/d，依据文献[174]设定水力坡度为 0.0013，承压水头压力为 3.3~4.3 MPa，整体特征如图6-5所示。

图6-5反映出煤层开采引起上覆砾岩含水层水头压力场形成负压漏斗，引起地下水体涌向工作面；同时随着煤层开采裂缝带逐渐向上覆岩层及周边发育，在160 m左右发育至最大高度90 m，并在工作面开采至320 m时，形成整体呈"拱形"裂缝带；随煤层开采，煤层周边最大主应力场形成以开切眼及工作面端头为应力集中点的应力拱，并在采场130 m处发育成形，随工作面继续推进，

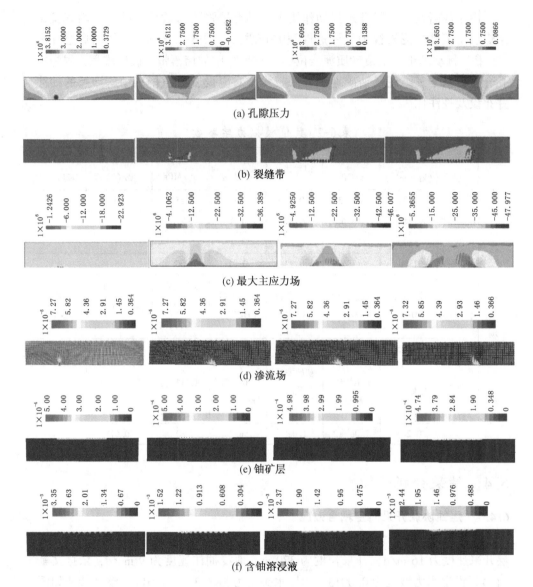

(a) 孔隙压力

(b) 裂缝带

(c) 最大主应力场

(d) 渗流场

(e) 铀矿层

(f) 含铀溶浸液

图6-5 煤铀协调共采多场耦合演化特征

应力拱范围逐渐扩大；当工作面推进至 300 m 左右时，应力拱破断，并与采场中部应力集中区连接，形成新的应力拱随工作面推进继续发育，整体演化规律符合"拱形"裂缝带理论模型；煤层周边渗流场中地下水流以漏斗形式集中在采煤工作面，并由煤层初始开采的 5.0×10^{-5} m/s 的渗流速度逐渐增加至 7.7×10^{-5} m/s，主要由于采场裂缝带逐渐发育增加了有效渗流路径及渗流面积；煤铀协调共采前期过程中，煤层开采对上覆岩层应力场、渗流场及裂隙场形成扰动，但扰动控制在一定范围内，并未对铀矿地浸开采形成强烈干扰，随时间增长，铀矿逐渐被开采，含铀溶浸液浓度逐渐增加，铀元素融于溶浸液并在抽液井负压作用下被抽至地表。

煤层开采影响采场围岩应力状态，垂直方向上产生应力集中及应力释放区域，并随距离煤层增大呈影响逐渐降低趋势，其中煤层垂直应力状态变动幅度最大，并在工作面开采至 250 m 时，在距离工作面 120 m 的采空区后方形成原岩应力恢复区域；相比煤层垂直应力变动趋势，砾岩含水层中垂直应力出现"漏斗状"应力释放区，并在工作面推进 250 m 距离内呈逐渐扩展趋势，工作面推进 250~320 m 期间，应力释放漏斗逐渐减小，并呈现原岩应力恢复趋势；铀矿赋存区在煤层开采扰动下，垂直应力出现小幅度波动，并出现凹形应力分布，并在凹形应力分布端头出现较大波动性应力集中（图 6-6）。

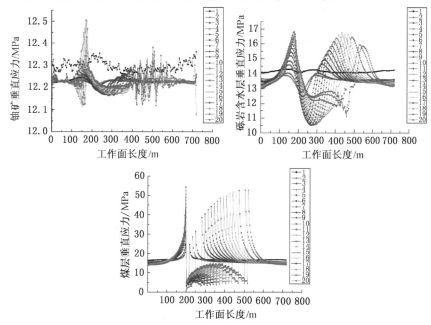

图 6-6 煤层、砾岩含水层及铀矿层垂直应力变动

煤层开采期间，铀矿溶浸液沿铀矿层分布状况基本保持稳定，铀元素沿铀矿层整体呈梯形分布并在铀矿层端头处分布较集中，主要受到水力坡度及抽液井影响，铀矿中部抽注液井分布均匀，含铀溶浸液可达到抽注平衡，铀矿端头处部分 U 元素向外扩散未被及时抽至地表，形成一定聚集；垂直铀矿方向，铀元素前期扩散速度较快，为 0.12 m/d，10 d 后缓慢扩散，但整体维持在一定范围

内，波动较小，主要受水力坡度、抽注速度及铀元素扩散系数影响（图6-7）。

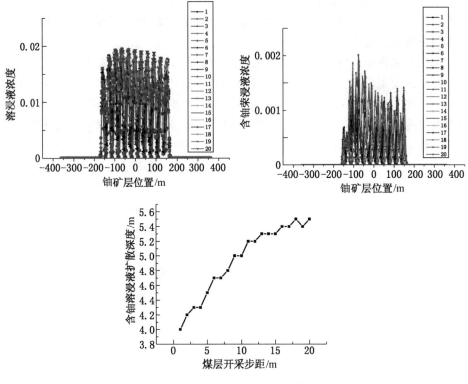

图6-7　铀矿层溶浸液及铀元素变动

6.4.2　地浸采铀参数敏感性分析

煤铀协调开采过程中，溶浸液扩散深度对深部煤层及地下水体环境具有重要影响，其中基于时间效应的溶浸液扩散深度对溶浸液注入速度，溶浸液中 O_2、CO_3、HCO_3^-、$UO_2(CO_3)_2^{4-}$ 各自扩散系数，以及抽注比具有很强的依赖性。在抽注液流量比为 1.003∶1，注入液流量为 19 m^3/d、25 m^3/d、30 m^3/d、40 m^3/d，扩散度为 0 m^2/s、$1×10^{-5}$ m^2/s、$1×10^{-4}$ m^2/s、$1×10^{-3}$ m^2/s，注抽比为 1∶1、1∶2、1∶3、1∶4，注入液流量为 19 m^3/d 条件下具体研究溶浸液最大下渗深度。

图6-8a 反映出地浸采铀过程中，抽注液速度对溶浸液浓度扩散深度具有一定影响，随注入速度增加，扩散深度逐渐降低，其中注入速度在 19~30 m^3/d 时，扩散深度下降明显，随后溶浸液扩散深度随注入速度增加，降低幅度逐渐减小，整体溶浸液扩散深度以指数形式相关于注入速度。相比注入速度，溶浸液扩散深度正相关于溶浸液扩散系数，溶浸液扩散系数为 0 时，溶浸液扩散状

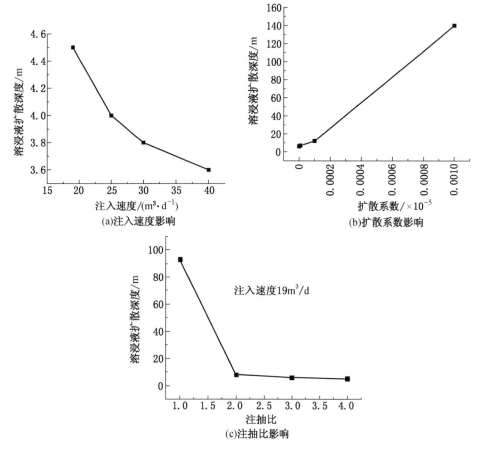

(a)注入速度影响

(b)扩散系数影响

(c)注抽比影响

注入速度19m³/d

图6-8 抽注液速度对 U 浓度影响

态完全由渗流速度控制，随扩散系数逐渐增大，溶浸液中分子运动的扩散作用及渗流与分子运动工作影响下的弥散作用逐渐增加，其中扩散系数为 1×10^{-5} m²/s 时，溶浸液扩散深度在 5 m 左右，渗流作用及弥散作用均对溶浸液扩散具有显著影响，扩散系数继续增加；当达到 1×10^{-4} m²/s 时，溶浸液扩散深度在 10 m 左右，溶浸液弥散作用起到主导作用；当达到 1×10^{-3} m²/s 时，溶浸液下渗深度为 140 m，渗流作用微弱，溶浸液扩散基本由弥散作用控制，溶浸液浓度与扩散系数整体呈指数形式，前期增长较为缓慢，后期出现突增现象。溶浸液下渗深度负相关于抽注比，当抽注比为 1 时，溶浸液最大下渗深度达到 95 m，抽注比增大至 2 时，溶解液下渗深度为 10 m，而后随抽注比继续增大，溶浸液下渗深度继续以较小的速度缓慢减小，当抽注比为 4 时，溶浸液最大下渗深度维持在4 m 左右。

6.4.3 煤铀不同开采情景下裂隙—渗流—化学场时空耦合关系

6.4.3.1 先铀后煤开采

参数设置：水力坡度为 0.0013，UO_2、O_2、CO_3、HCO_3^- 分别为 0.0005、0.005、0.01、0.02，地浸采铀反应速度为 $k = 10.1$，扩散系数为 1×10^{-6}，注抽孔溶浸液速度为 19 m^3/d、76 m^3/d；煤层开采速度为 16 m/d，煤层开采距离为 320 m。铀矿开采残余溶浸液在地下水体环境中运移主要受水力坡度、多孔裂隙介质渗透性及溶浸液扩散性作用。其中在一定扩散系数下，煤层采动引起的多孔裂隙介质渗透率的各向异性及较大水力坡度，对地下铀矿溶浸液扩散运移影响显著。由于煤层开采后采场水气分布复杂，现以采场与大气完全相通、仅工作面与大气相通以及采场完全密封三种情景为例，进行煤铀开采裂隙—渗流—化学场时空耦合研究（图6-9）。

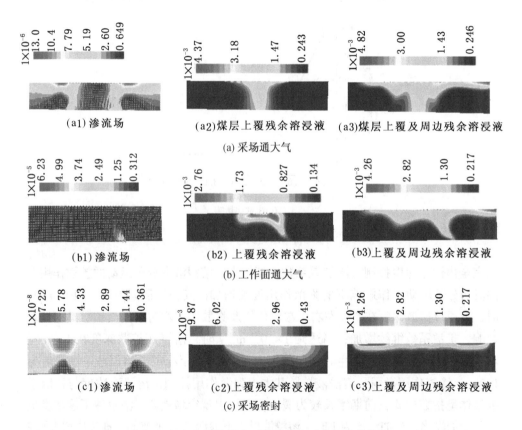

图6-9 先铀后煤裂隙—渗流—溶质输运演化特征

采场通大气下，整体采空区与承压含水层形成负压漏斗，水力坡度为7%，

110

相比自然状态下 0.137%，致使地下水以 $1×10^{-5}$ m/s 的速度流向煤层采空区，其中由于采空区中部被上覆岩层应力压实致密，导水通道数量减小，导水孔径降低，形成较低水流，采场渗流场为中部具有豁口的漏斗状；采场通大气情况下，位于采场上方铀矿地浸开采区中地浸液则以上宽下窄"漏斗状"形式下渗至煤层采场，并以漏斗中线为基点向周边扩展，主要由于采场周边渗流场对流作用下致使溶浸液形成"漏斗状"密集区并沿地下水流方向下渗至采场，同时在弥散作用下向周边扩散；铀矿开采溶浸液在采场上方及周边地下水流中同时存在情况下，在地下水体对流作用下，周边水体溶浸液沿采场水力坡度方向渗入采场端头，采场上方溶浸液则继续以"漏斗状"形式渗入采场，采场溶浸液整体分布状态密切相关于渗流场分布，最终随时间增长在溶浸液弥散作用下，溶浸液扩散至整体采场；仅工作面通大气情况下，工作面周边与砾岩承压含水层构成较大水力坡度，形成较高压差渗流区，水体流动速度在 $6.13×10^{-5}$ m/s 左右，采场上覆地浸采铀溶浸液，沿水力坡度，在对流作用下渗入工作面"半马鞍状"溶浸液扩散区，并在溶浸液弥散作用下继续向工作面周边扩散，溶浸液同时存在于采场上方及周边水体环境中，则溶浸液在水力坡度、采场多孔裂隙介质各向异性渗透率作用下，形成"非对称马鞍状"溶浸液分布区，主要流向采场工作面及地下水体水力坡度较低区；煤层开采后，在采场完全密封情况下，承压含水层与采场间仅形成较小水力坡度，主要由于采场应力—裂隙场耦合作用下形成非均匀多孔裂隙介质渗流区作用，较大水流速度在 $1×10^{-8}$ m/s 级别，溶浸液沿水力坡度主要做层流运动，在弥散作用下，向采场方向缓慢扩散。

因此，铀矿残余溶浸液在煤层采场中具有复杂的运移特征，受到多种因素影响，其中水力坡度、基于应力状态的多孔裂隙介质各向异性的渗流率对地下流体流动方向及大小具有重要影响，流体对流作用、溶浸液弥散作用主导溶浸液沿地下水体的运移。

6.4.3.2　先煤后铀开采

煤层开采扰动上覆岩层形成"三带"，其中裂缝带扩展至铀矿层底部 20 m左右，铀矿层位于弯曲下沉带内，受煤层采动垂直应力微弱影响，并且铀矿赋存区水头压力有所降低。因此煤层采动对原始铀矿赋存的水文地质条件具有一定影响，现以煤层采场通大气及仅有工作面通大气为例，进行煤层首先开采下铀矿层再次开采下，地下渗流环境中，地浸采铀溶浸液、含 U 溶浸液、铀矿开采效率在不同地浸工艺下基于时间效应的特征。工艺参数：注抽比为 1∶1.5、1∶4，扩散系数为 $1×10^{-5}$，注入速度为 19 m³/d，地浸采铀反应速度为 10.5（图6-10、图 6-11）。

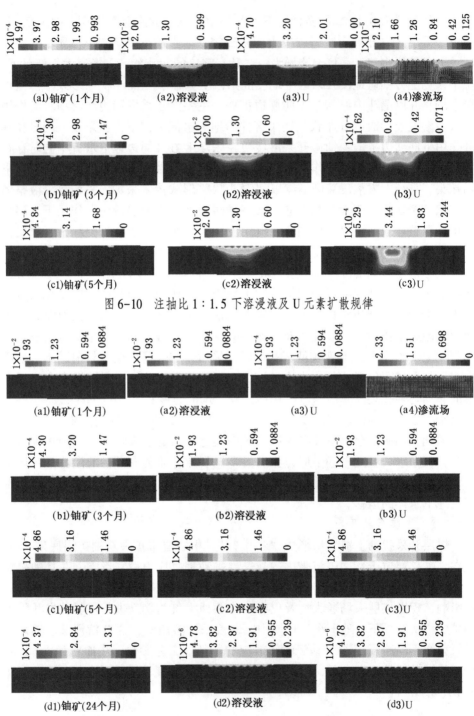

图6-10 注抽比1:1.5下溶浸液及U元素扩散规律

图6-11 抽注比1:4下溶浸液及U元素扩散规律

煤层上覆铀矿地浸开采对承压含水层水力环境具有一定影响，主要体现在采场渗流场左右肩角处流体由单一流向采场变为部分流向采场，部分流向地浸采铀抽液井，水体流动变得更为复杂；地浸采铀 1 个月后，溶浸液及 U 元素在对流及弥散作用下向采场方向扩散，垂向移动距离在 8 m 左右；3 个月后，铀矿开采基本完毕，同时溶浸液及 U 元素垂直向下移动距离分别达到 40 m 及 60 m，并以"马鞍状"继续向下移动；5 个月后，可开采铀矿已经基本开采完毕，少量溶浸液及大量 U 元素基本到达煤层采场底部。

增大抽注比情况下，1~24 个月内，地浸采铀溶浸液及 U 元素扩散范围基本控制在铀矿赋存位置附近，并未出现明显的垂直及水平运移现象，其中溶浸液浓度基本维持稳定，U 元素 1~3 个月内逐渐增大并维持稳定，后期呈逐渐减小趋势；铀矿含量逐渐减小，相比 1：1.5 注抽比，铀矿含量降低速度明显降低，说明提高抽注比不利于铀矿快速抽采，然而可有效控制溶浸液及 U 元素扩散影响范围，降低对煤层采场及地下水体环境的影响。

采煤工作面通大气条件下，工作面、抽液井与砾岩承压含水层共同作用下，形成工作面周边 17% 左右的水力坡度，加快水体流向工作面，在渗流及弥散作用下溶浸液及 U 元素在铀矿开采 3 个月后，形成上宽下尖的"漏斗状"浓度密集区并逐渐运移至采煤工作面，其中 1~3 个月溶浸液及 U 元素运移扩散范围较

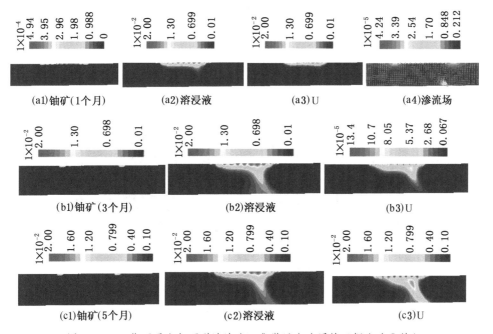

图 6-12　工作面通大气下裂隙渗流—化学反应溶质输运耦合演化特征

小；铀矿开采效率与采场通大气条件下相比没有发生显著变化（图6-12）。

6.4.4　煤铀协调开采安全评价

基于FLAC3D-CFD数值、煤铀协调开采试验台物理模拟结果，以及现场煤层开采扰动下地下含水层水位变动状况可知，煤层采动涉及铀矿、水、地表生态等多种重要资源的开发利用及复垦恢复，针对铀矿与煤层具体空间赋存层位关系，以煤铀开采走廊（采煤工作面端头留设由地表至煤层上窄下宽的煤柱，铀矿竖向开采管道布置于煤柱内并与铀矿储层内水平管道连接）、隔离走廊（采煤工作面端头留设一定宽度煤柱，煤柱另一侧进行铀矿的正常回采）为手段，对应布设铀矿地浸开采垂直及水平管道，做好采前设计、采中防范、采后恢复等方面研究（图6-13）。主要考虑到以下内容：

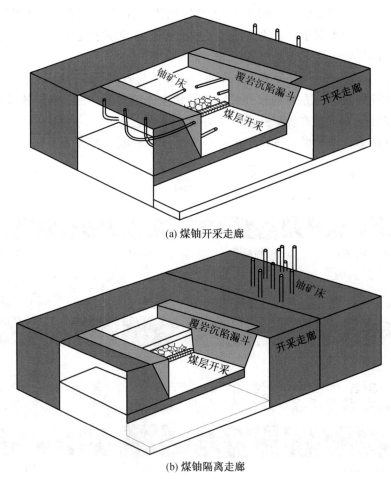

(a) 煤铀开采走廊

(b) 煤铀隔离走廊

图6-13　煤铀协调开采技术概念

（1）基于煤与铀矿地质赋存条件的裂隙渗流场发育规律、影响范围、作用机理；

（2）铀矿地浸开采与地层水间相互耦合作用；

（3）采动影响下的多场耦合效应与地表生态恢复的时空关系；

（4）基于采动作用下铀矿层完整性、煤层开采保障措施及开采技术途径；

（5）矿井水体中 U 元素监测、监控及防范预警体系；

（6）基于精准智能感知设备实时海量数据收集分析，即时确定安全、高效、协调开采方案；

（7）基于多场多参量时空动态耦合效应，定量定向智能调整煤与铀矿开采走廊布设及具体管路布置。

基于数值及物理模拟结果，以裂隙场中导水断裂带高度和铀矿地浸溶浸液扩散范围为主线，综合考虑煤与共生铀矿协调开采（图6-14）对上覆岩层移动、地下水、二者间相互作用及其对地表生态影响，制定煤与共生铀矿资源协调开采技术评价标准。

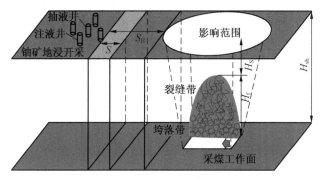

图6-14 煤与共生铀矿协调开采示意图

表6-3 煤铀协调开采安全等级初步评价标准

平面关系	垂直关系	协调等级	煤层开采协调对象及措施				地浸采铀协调对象及措施			
			铀矿	水	地表生态	措施	煤	水	地表生态	措施
$S_H > S$	$H_a > H_{sh} - H_f$	III$_3$	无	无	无	直接开采	无	重点	无	提高抽注速率比、减小残余溶浸液
	$H_a ≈ H_{sh} - H_f$	III$_2$	无	有	有	保水开采				
	$H_a < H_{sh} - H_f$	III$_1$	无	重点	有	保水开采				
$S_H ≈ S$	$H_a > H_{sh} - H_f$	II$_3$	有	无	无	开采走廊式或隔离走廊式保铀开采	有	重点	有	提高采出率、抽注速率比，减小残余溶浸液
	$H_a ≈ H_{sh} - H_f$	II$_2$	重点	有	重点	隔离走廊式保水、铀开采	重点	重点	有	
	$H_a < H_{sh} - H_f$	II$_1$	重点	重点	重点	隔离走廊式保水、铀开采	重点	重点	重点	

表 6-3(续)

平面关系	垂直关系	协调等级	煤层开采协调对象及措施				地浸采铀协调对象及措施			
			铀矿	水	地表生态	措施	煤	水	地表生态	措施
$S_H<S$	$H_a>H_{sh}-H_f$	I_3	有	无	无	开采走廊式铀矿地浸开采、先铀矿后煤或放弃开采	重点	重点	有	增强采出率、抽注速率比、减小残余溶浸液
	$H_a\approx H_{sh}-H_f$	I_2	重点	重点	重点	开采走廊式铀矿开采、先铀后煤或放弃开采	重点	重点	重点	
	$H_a<H_{sh}-H_f$	I_1	特重点	特重点	特重点	放弃开采	特重点	特重点	特重点	放弃开采

注：H_a 为保护层厚；H_f 为导水裂缝带高度；H_{sh} 为煤层与含铀含水矿层间距；S 为铀矿地浸开采溶浸液最大扩散范围；S_H 为煤与伴生铀矿平面距离。

由表 6-3 可知，精准协调开采安全等级初步评价标准依据煤与铀矿层平面距离，将煤与铀矿赋存区域归类为煤与铀非叠置区、煤与铀部分叠置区、煤与铀完全叠置区三大种类，在对应类别中进一步结合煤与含铀含水层垂直间距，对应种类中分别划分出 Ⅲ₃、Ⅲ₂、Ⅲ₁，Ⅱ₃、Ⅱ₂、Ⅱ₁，Ⅰ₃、Ⅰ₂、Ⅰ₁ 三种协调等级。并以铀、水、地表生态为协调对象，对应提出煤与铀非叠置区域的煤炭直接开采、保水开采措施及提高抽注速率比、减小残余溶浸的铀矿开采措施；煤与铀矿部分叠置区的煤炭开采走廊式保铀开采、隔离走廊式保水保铀开采措施及提高抽注速率比、减小残余溶浸液的铀矿地浸开采措施；煤与铀矿完全叠置区的煤炭开采走廊式铀矿开采、先铀后煤、放弃开采措施及提高抽注速率比、减小残余溶浸的地浸采铀开采措施。

6.5 小结

基于现有理论研究及物理相似模拟结果，构建了煤层采动裂隙场几何模型，利用 FLAC3D-CFD 模拟器，针对煤铀共采、先铀后煤及先煤后铀开采情景下扰动岩层多场耦合特征进行具体研究，提出相应的技术概念，制定了对应的安全等级初步评价，得出以下结论：

（1）在煤铀共采情景下进行了耦合应力—渗流—化学反应输运场的 FLAC3D-CFD 模拟，煤层开采扰动原岩应力场，工作面推进至 160 m 左右时，出现 90 m 左右的最大裂缝带高度，同时裂缝带周边生成最大主应力壳，承接覆岩压力并通过拱肩转至工作面前方，形成工作面前方应力集中区；工作面推进至 256 m 时，采场中部形成应力集中区并逐渐向周边扩展，工作面推进至 280 m 左右时，最大主应力壳发生破断，并与采场中部应力集中区形成新的应力壳，

116

与所建立的拱形裂缝带理论模型所预测的煤层采动裂缝带发育规律及最大裂隙高度值基本一致。

（2）工作面应力监测结果显示煤层开采对煤层、砾岩含水层及铀矿层均具有一定影响，其中煤层垂直应力变动幅度最大，在工作面开采至250 m时，在距离工作面120 m的采空区中形成原岩应力恢复区域；砾岩含水层中，垂直应力先出现漏斗状应力释放区，后期应力释放，漏斗逐渐减小，应力恢复至原岩应力状态；铀矿赋存区出现小幅度波动，出现中间低、两端高的应力分布状态。

（3）铀矿地浸开采中注液速度、扩散系数及抽注比对溶浸液扩散深度产生不同影响，其中溶浸液扩散深度负相关于注液速度及抽注比，整体溶浸液扩散深度以指数形式负相关于注入速度及抽注比，正相关于扩散系数，并在 1×10^{-4} m²/s 后垂直扩散深度急剧增加至140 m。

（4）对先铀后煤、先煤后铀及煤铀共采开采情景下进行数值模拟，监测煤层应力场、裂隙渗流场及溶质化学反应—输运场时空耦合演化特征，得出先铀后煤采场通大气情景下，溶浸液在采场裂缝带中的运移扩散运动直接相关于采场应力作用下的渗流场状态，具体在采场上方形成"漏斗状"溶浸液密集下渗区，周边形成"马鞍状"密集下渗区；先铀后煤采煤工作面通大气情景下，采场周边地浸采铀残余溶浸液以"非对称马鞍状"形式随地下水流下渗至采煤工作面；先铀后煤采场完全密封情景下，地浸残余溶浸液沿水力坡度在铀矿含矿含水层中进行层流移动；先煤后铀采场通大气情景下，裂缝带以"拱形"形式发育于采场上覆岩层中，裂缝带最大高度为90 m左右，在注抽比1∶1.5时，3个月后地浸采铀溶浸液及活化 U 元素在渗流、扩散及渗流弥散作用下以"马鞍状"形式下渗至工作面，注抽比为1∶4时，地浸溶浸液及 U 元素沿含铀含水层进行水平渗流扩散运动，基本不呈现下渗现象，与注抽比1∶1.5情景下相比，1∶4注抽比下铀矿开采效率降低；先煤后铀工作面通大气情景下，注抽比为1∶1.5时，3个月之前地浸溶浸液及 U 元素下渗缓慢，3个月后，二者同时以"倾斜漏斗"形式下渗至采煤工作面；煤铀同采时，采动裂缝带逐渐发育，裂缝带周边逐渐形成最大主应力壳，在煤层回采期间地浸溶浸液及 U 元素基本维持稳定，待煤层开采1年后，工作面通大气情景下，溶浸液及 U 元素均以"倾斜漏斗"形式渗流扩散至采煤工作面。

（5）基于透明物理相似模拟及 FLAC3D-CFD 数值模拟下煤铀采动岩层多场时空耦合规律及机理，提出煤铀开采走廊及煤铀隔离走廊工艺方法，并制定煤铀协调开采安全等级初步评价标准。

117

7 展　　望

本书为研究煤铀开采下岩层多场耦合特征，利用构建的多孔介质、裂隙介质应力渗流本构模型，结合开发搭建的 FLAC3D-CFD 流固化耦合模拟器及煤铀协调开采模拟试验台，进行了煤铀不同开采情景下，煤铀岩层应力场、裂隙场、渗流场及溶质化学反应—输运场动态耦合模拟，并得到了相应特征，但仍具有下列不足之处：

（1）室内试验所用试件尺度较小，同时试验试件中所设置的裂隙数量有限，不能完全准确地反映地层实际应力作用下岩体裂纹、裂隙渗透特征及演化规律，为精确掌握煤铀赋存地质岩层中应力—渗流特征，需进一步进行现场岩体裂隙发育特征观测及钻井渗流试验。

（2）透明相似材料具有透视化溶浸液扩散、裂缝带发育特征效果，本试验中仅将岩层孔隙、裂隙结构及渗透性假定为各向同性，不能完全反映工程地质岩层采动渗流状况，后期试验中需深入研究物质成分、孔隙裂隙结构各向异性对煤铀开采应力—渗流—溶质输运演化特征的影响。

（3）为重点研究煤铀开采应力—裂隙渗流—溶质化学反应及输运时空耦合特征，仅选取一个工作面进行 FLAC3D-CFD 模拟研究，后期应继续建立大尺度采区复杂地质条件下的煤铀开采模型，充分反映出煤铀采区开采顺序、地质构造对煤铀采动岩层应力场、裂隙场、渗流场、溶质化学反应—输运场的影响；FLAC3D-CFD 模拟理想条件下铀矿地浸开采未考虑地下水体中其他离子及含铀砂岩结构的各向异性对铀矿开采的影响，后期需加强此方面研究。

参 考 文 献

［1］于丽芳，杨志军，周永章，等．扫描电镜和环境扫描电镜在地学领域的应用综述［J］．中山大学研究生学刊（自然科学、医学版），2008：54-61．

［2］宫伟力，李晨．煤岩结构多尺度各向异性特征的 SEM 图像分析［C］//第十一次全国岩石力学与工程学术大会论文集．北京：科学出版社，2010．

［3］Zhao Y. Crack pattern evolution and a fractal damage constitutive model for rock［J］. International Journal of Rock Mechanics & Mining Sciences, 1998, 35：349-366.

［4］马鹏程，邹雨，李超．霍西煤田 9 号煤和 10 号煤的煤岩学和煤质特征［J］．煤炭技术，2016，35：135-137．

［5］李小明，曹代勇，张守仁，等．不同变质类型煤的 XRD 结构演化特征［J］．煤田地质与勘探，2003，31：5-7．

［6］王水利．煤系高岭岩的 XRD 曲线特征——对高岭石—地开石混层矿物 XRD 曲线特征的一点看法［J］．煤田地质与勘探，2002，30：4-6．

［7］左兆喜，张晓波，陈尚斌，等．煤系页岩气储层非均质性研究——以宁武盆地太原组和山西组为例［J］．地质学报，2017，91：1130-1140．

［8］Souley M, Homand F, Pepa S, et al. Damage-induced permeability changes in granite: a case example at the URL in Canada［J］. International Journal of Rock Mechanics & Mining Sciences, 2001, 38：297-310.

［9］Chen Y, Hu S, Zhou C, et al. Micromechanical Modeling of Anisotropic Damage-Induced Permeability Variation in Crystalline Rocks［J］. Rock Mechanics & Rock Engineering, 2014, 47：1775-1791.

［10］Guo H, Yuan L, Shen B, et al. Mining-induced strata stress changes, fractures and gas flow dynamics in multi-seam longwall mining［J］. International Journal of Rock Mechanics & Mining Sciences, 2012, 54：129-139.

［11］Kim JM, Parizek RR, Elsworth D. Evaluation of fully-coupled strata deformation and groundwater flow in response to longwall mining［J］. International Journal of Rock Mechanics & Mining Sciences, 1997, 34：1187-1199.

［12］Ma D, Miao X, Bai H, et al. Impact of particle transfer on flow properties of crushed mudstones［J］. Environmental Earth Sciences, 2016, 75：593.

［13］Hou TX, Yang XG, Xing HG, et al. Forecasting and prevention of water inrush during the excavation process of a diversion tunnel at the Jinping II Hydropower Station, China［J］. Springerplus, 2016, 5：700.

［14］Liang DX, Jiang ZQ, Zhu SY, et al. Experimental research on water inrush in tunnel construction［J］. Natural Hazards, 2016, 81：467-480.

［15］Rutqvist J, Stephansson O. The role of hydromechanical coupling in fractured rock engineering［J］. Hydrogeology Journal, 2003, 11：7-40.

[16] Jing L. A review of techniques, advances and outstanding issues in numerical modelling for rock mechanics and rock engineering [J]. International Journal of Rock Mechanics & Mining Sciences, 2003, 40: 283-353.

[17] Houska J. Fundamentals of rock mechanics [J]. Geofluids, 2009, 9: 284-285.

[18] Zhang Z, Nemcik J. Fluid flow regimes and nonlinear flow characteristics in deformable rock fractures [J]. Journal of Hydrology, 2013, 477: 139-151.

[19] Hsieh PA, Neuman SP. Field Determination of the Three-Dimensional Hydraulic Conductivity Tensor of Anisotropic Media: 1. Theory [J]. Water Resources Research, 1985, 21: 1667-1676.

[20] Oda M. An equivalent continuum model for coupled stress and fluid flow analysis in jointed rock masses [J]. Water Resources Research, 1986, 22: 1845-1856.

[21] Snow DT. Anisotropic Permeability of Fractured Media [J]. Water Resources Research, 1969: 1273-1289.

[22] Liu J, Elsworth D, Brady BH. Linking stress-dependent eÄective porosity and hydraulic conductivity fields to RMR [J]. International Journal of Rock Mechanics & Mining Sciences, 1999, 36: 581-596.

[23] Zhou CB, Sharma RS, Chen YF, et al. Flow-stress coupled permeability tensor for fractured rock masses [J]. International Journal for Numerical & Analytical Methods in Geomechanics, 2010, 32: 1289-1309.

[24] Gan Q, Elsworth D. A continuum model for coupled stress and fluid flow in discrete fracture networks [J]. Geomechanics and Geophysics for Geo-Energy and Geo-Resources, 2016, 2: 43-61.

[25] Rutqvist J, Leung C, Hoch A, et al. Linked multicontinuum and crack tensor approach for modeling of coupled geomechanics, fluid flow and transport in fractured rock [J]. Journal of Rock Mechanics and Geotechnical Engineering[岩石力学与岩土工程学报（英文版）], 2013, 5: 18-31.

[26] Wang M, Kulatilake PHSW, Um J, et al. Estimation of REV size and three-dimensional hydraulic conductivity tensor for a fractured rock mass through asingle well packer test and discrete fracture fluid flow modeling [J]. International Journal of Rock Mechanics & Mining Sciences, 2002, 39: 887-904.

[27] Oda M. Permeability tensor for discontinuous rock masses [J]. Géotechnique, 1985, 35: 483-495.

[28] Chen Y, Zhou C, Sheng Y. Formulation of strain-dependent hydraulic conductivity for a fractured rock mass [J]. International Journal of Rock Mechanics & Mining Sciences, 2007, 44: 981-996.

[29] Figueiredo B, Tsang CF, Rutqvist J, et al. A study of changes in deep fractured rock permeability due to coupled hydro-mechanical effects [J]. International Journal of Rock Mechanics

& Mining Sciences, 2015, 79: 70-85.

[30] Zeng Z, Grigg R. A criterion for non-Darcy flow in porous media [J]. Transport in porous media, 2006, 63: 57-69.

[31] Kundu P, Kumar V, Mishra IM. Experimental and numerical investigation of fluid flow hydrodynamics in porous media: Characterization of Darcy and non-Darcy flow regimes [J]. Powder Technology, 2016, 303: 278-291.

[32] Dias RP, Fernandes CS, Teixeira JA, et al. Permeability analysis in bisized porous media: Wall effect between particles of different size [J]. Journal of Hydrology, 2008, 349: 470-474.

[33] Ganapathy R, Mohan A. Double diffusive Darcy flow induced by a spherical source [J]. Ain Shams Engineering Journal, 2015, 6: 661-669.

[34] Ganapathy R, Mohan A. Thermo-diffusive Darcy flow induced by a concentrated source [J]. Ain Shams Engineering Journal, 2015.

[35] Wang C, Li ZP, Li H, et al. A new method to calculate the productivity of fractured horizontal gas wells considering non-Darcy flow in the fractures [J]. Journal of Natural Gas Science and Engineering, 2015, 26: 981-991.

[36] Wang J, Liu X, Wu Y, et al. Field experiment and numerical simulation of coupling non-Darcy flow caused by curtain and pumping well in foundation pit dewatering [J]. Journal of Hydrology, 2017, 549: 277-293.

[37] Chen Z, Liu J, Elsworth D, et al. Roles of coal heterogeneity on evolution of coal permeability under unconstrained boundary conditions [J]. Journal of Natural Gas Science and Engineering, 2013, 15: 38-52.

[38] Wang J, Kabir A, Liu J, et al. Effects of non-Darcy flow on the performance of coal seam gas wells [J]. International Journal of Coal Geology, 2012, 93: 62-74.

[39] Wang S, Elsworth D, Liu J. Permeability evolution in fractured coal: the roles of fracture geometry and water-content [J]. International Journal of Coal Geology, 2011, 87: 13-25.

[40] De La Vaissière R, Armand G, Talandier J. Gas and water flow in an excavation-induced fracture network around an underground drift: A case study for a radioactive waste repository in clay rock [J]. Journal of Hydrology, 2015, 521: 141-156.

[41] Ma D, Miao X, Bai H, et al. Effect of mining on shear sidewall groundwater inrush hazard caused by seepage instability of the penetrated karst collapse pillar [J]. Natural Hazards, 2016, 82: 73-93.

[42] Yang TH, Shi WH, Shun CL, et al. State of the art and trends of water-inrush mechanism of nonlinear flow in fractured rock mass [J]. Journal of China Coal Society, 2016.

[43] Ghane E, Fausey NR, Brown LC. Non-Darcy flow of water through woodchip media [J]. Journal of hydrology, 2014, 519: 3400-3409.

[44] Chen D, Pan Z, Ye Z, et al. A unified permeability and effective stress relationship for porous

and fractured reservoir rocks ［J］. Journal of Natural Gas Science and Engineering, 2016, 29: 401-412.

［45］ Kong X, Wang E, Liu Q, et al. Dynamic permeability and porosity evolution of coal seam rich in CBM based on the flow-solid coupling theory ［J］. Journal of Natural Gas Science and Engineering, 2017, 40: 61-71.

［46］ Tan X, Konietzky H, Frühwirt T. Laboratory observation and numerical simulation of permeability evolution during progressive failure of brittle rocks ［J］. International Journal of Rock Mechanics and Mining Sciences, 2014: 167-176.

［47］ Zhang R, Ning Z, Yang F, et al. A laboratory study of the porosity-permeability relationships of shale and sandstone under effective stress ［J］. International Journal of Rock Mechanics and Mining Sciences, 2016: 19-27.

［48］ Greenly BT, Joy DM. One-dimensional finite-element model for high flow velocities in porous media ［J］. Journal of geotechnical engineering, 1996, 122: 789-796.

［49］ Moutsopoulos KN. One-dimensional unsteady inertial flow in phreatic aquifers induced by a sudden change of the boundary head ［J］. Transport in Porous Media, 2007, 70: 97-125.

［50］ Sedghi-Asl M, Farhoudi J, Rahimi H, et al. An analytical solution for 1-D non-Darcy flow through slanting coarse deposits ［J］. Transport in porous media, 2014, 104: 565-579.

［51］ Sedghi-Asl M, Rahimi H, Salehi R. Non-Darcy flow of water through a packed column test ［J］. Transport in porous media, 2014, 101: 215-227.

［52］ Firoozabadi A, Katz DL. An analysis of high-velocity gas flow through porous media ［J］. Journal of Petroleum Technology, 1979, 31: 211-216.

［53］ Panfilov M, Fourar M. Physical splitting of nonlinear effects in high-velocity stable flow through porous media ［J］. Advances in water resources, 2006, 29: 30-41.

［54］ Macini P, Mesini E, Viola R. Laboratory measurements of non-Darcy flow coefficients in natural and artificial unconsolidated porous media ［J］. Journal of Petroleum Science and Engineering, 2011, 77: 365-374.

［55］ Dong JJ, Hsu JY, Wu WJ, et al. Stress-dependence of the permeability and porosity of sandstone and shale from TCDP Hole-A ［J］. International Journal of Rock Mechanics and Mining Sciences, 2010, 47: 1141-1157.

［56］ Ghabezloo S, Sulem J, Saint-Marc J. Evaluation of a permeability-porosity relationship in a low-permeability creeping material using asingle transient test ［J］. International Journal of Rock Mechanics and Mining Sciences, 2009, 46: 761-768.

［57］ Shi Y, Wang CY. Pore pressure generation in sedimentary basins: overloading versus aquathermal ［J］. Journal of Geophysical Research: Solid Earth, 1986, 91: 2153-2162.

［58］ David C, Wong TF, Zhu W, et al. Laboratory measurement of compaction-induced permeability change in porous rocks: Implications for the generation and maintenance of pore pressure excess in the crust ［J］. Pure and Applied Geophysics, 1994, 143: 425-456.

[59] Evans JP, Forster CB, Goddard JV. Permeability of fault-related rocks, and implications for hydraulic structure of fault zones [J] . Journal of structural Geology, 1997, 19: 1393-1404.

[60] Jones SC. Two-point determinations of permeability and PV vs. net confining stress [J] . SPE formation Evaluation, 1988, 3: 235-241.

[61] Macfarlane AM, Miller M. Nuclear Energy and Uranium Resources [J] . Elements, 2007, 3: 185-192.

[62] Mudd GM. The future of Yellowcake: a global assessment of uranium resources and mining [J]. Science of the Total Environment, 2014, 472: 590-607.

[63] Panfilov M, Uralbekov B, Burkitbayev M. Reactive transport in the underground leaching of uranium: Asymptotic analytical solution for multi-reaction model [J] . Hydrometallurgy, 2016, 160: 60-72.

[64] Uralbekov B, Burkitbayev M, Satybaldiev B. Evaluation of the effectiveness of the filtration leaching for uranium recovery from uranium ore [J]. Chemical Bulletin of Kazakh National University, 2015, 3: 22-27.

[65] Kieffer B, Jové CF, Oelkers EH, et al. An experimental study of the reactive surface area of the Fontainebleau sandstone as a function of porosity, permeability, and fluid flow rate [J]. Geochimica Et Cosmochimica Acta, 1999, 63: 3525-3534.

[66] Cheira M F, Atia B M, Kouraim M N. Uranium (VI) recovery from acidic leach liquor by Ambersep 920U SO_4, resin: Kinetic, equilibrium and thermodynamic studies [J] . Journal of Radiation Research & Applied Sciences, 2017, 10 (4) .

[67] Lagneau V, Vand LJ. Operator-splitting-based reactive transport models in strong feedback of porosity change: The contribution of analytical solutions for accuracy validation and estimator improvement [J] . Journal of Contaminant Hydrology, 2010, 112: 118-129.

[68] Simon RB, Thiry M, Schmitt JM, et al. Kinetic reactive transport modelling of column tests for uranium In Situ Recovery (ISR) mining [J] . Applied Geochemistry, 2014, 51: 116-129.

[69] Nguyen VV, Pinder GF, Gray WG, et al. Numerical simulation of uranium in-situ mining [J] . Chemical Engineering Science, 1983, 38: 1855-1862.

[70] Zheng C, Wang PP. MT3DMS: A Modular Three-Dimensional Multispecies Transport Model for Simulation of Advection, Dispersion, and Chemical Reactions of Contaminants in Groundwater Systems: Documentation and User's Guide [J] . Ajr American Journal of Roentgenology, 1999, 169: 1196-1197.

[71] Dangelmayr MA, Reimus PW, Wasserman NL, et al. Laboratory column experiments and transport modeling to evaluate retardation of uranium in an aquifer downgradient of a uranium in-situ recovery site [J] . Applied Geochemistry, 2017, 80.

[72] 武强, 朱斌, 刘守强. 矿井断裂构造带滞后突水的流—固耦合模拟方法分析与滞后时间确定 [J]. 岩石力学与工程学报, 2011, 30: 93-104.

［73］刘伟韬，申建军，王连富．基于 FLAC3D 的断裂滞后突水数值仿真技术［J］．辽宁工程技术大学学报（自然科学版），2012：72-75.

［74］许家林，王晓振，刘文涛，等．覆岩主关键层位置对导水裂隙带高度的影响［J］．岩石力学与工程学报，2009，28：380-385.

［75］张玉军．基于固流耦合理论的覆岩破坏特征及涌水量预计的数值模拟［J］．煤炭学报，2009，34：610-613.

［76］陈连军，李天斌，王刚，等．水下采煤覆岩裂隙扩展判断方法及其应用［J］．煤炭学报，2014，39：301-307.

［77］Yang TH, Liu J, Zhu WC, et al. A coupled flow-stress-damage model for groundwater outbursts from an underlying aquifer into mining excavations［J］. International Journal of Rock Mechanics & Mining Sciences, 2007, 44：87-97.

［78］施龙青，辛恒奇，翟培合，等．大采深条件下导水裂隙带高度计算研究［J］．中国矿业大学学报，2012，41：37-41.

［79］王晓振，许家林，朱卫兵，等．覆岩结构对松散承压含水层下采煤压架突水的影响研究［J］．采矿与安全工程学报，2014，31：838-844.

［80］李术才，王凯，李利平，等．海底隧道新型可拓展突水模型试验系统的研制及应用［J］．岩石力学与工程学报，2014：2409-2418.

［81］李术才，李利平，李树忱，等．地下工程突涌水物理模拟试验系统的研制及应用［J］．采矿与安全工程学报，2010，27：299-304.

［82］Zhang CL. The stress-strain-permeability behaviour of clay rock during damage and recompaction［J］. Journal of Rock Mechanics and Geotechnical Engineering[岩石力学与岩土工程学报(英文版)], 2016, 8：16-26.

［83］Zheng J, Zheng L, Liu HH, et al. Relationships between permeability, porosity and effective stress for low-permeability sedimentary rock［J］. International Journal of Rock Mechanics & Mining Sciences, 2015, 78：IJRMMSD1400404.

［84］Okazaki K, Noda H, Uehara S, et al. Permeability, porosity and pore geometry evolution during compaction of Neogene sedimentary rocks［J］. Journal of Structural Geology, 2014, 62：1-12.

［85］Bird MB, Butler SL, Hawkes CD, et al. Numerical modeling of fluid and electrical currents through geometries based on synchrotron X-ray tomographic images of reservoir rocks using Avizo and COMSOL［J］. Computers & Geosciences, 2014, 73：6-16.

［86］Zhao Y, Liu S, Zhao GF, et al. Failure mechanisms in coal：Dependence on strain rate and microstructure［J］. Journal of Geophysical Research Solid Earth, 2015, 119：6924-6935.

［87］王小江，荣冠，周创兵．粗砂岩变形破坏过程中渗透性试验研究［J］．岩石力学与工程学报，2012，31：2940-2947.

［88］彭俊，荣冠，周创兵，等．水压影响岩石渐进破裂过程的试验研究［J］．岩土力学，2013，34：941-946.

[89] 李利平，李术才，赵勇，等．超大断面隧道软弱破碎围岩渐进破坏过程三维地质力学模型试验研究［J］．岩石力学与工程学报，2012，31：550-560.

[90] 蒋树屏，刘洪洲，鲜学福．大跨度扁坦隧道动态施工的相似模拟与数值分析研究［J］．岩石力学与工程学报，2000，19：567-572.

[91] 许延春，陈新明，李见波，等．大埋深高水压裂隙岩体巷道底鼓突水试验研究［J］．煤炭学报，2013，38：124-128.

[92] 杨本生，贾永丰，孙利辉，等．高水平应力巷道连续"双壳"治理底鼓实验研究［J］．煤炭学报，2014，39：1504-1510.

[93] 张强勇，陈旭光，林波，等．深部巷道围岩分区破裂三维地质力学模型试验研究［J］．岩石力学与工程学报，2009，28：1757-1766.

[94] 翟新献．放顶煤工作面顶板岩层移动相似模拟研究［J］．岩石力学与工程学报，2002，21：1667-1671.

[95] 王怀文，周宏伟，左建平，等．光测方法在岩层移动相似模拟实验中的应用［J］．煤炭学报，2006，31：278-281.

[96] Liu J. Visualization of 3-D deformations using transparent "soil" models［J］．2003.

[97] 许国安．深部巷道围岩变形损伤机理及破裂演化规律研究［D］．徐州：中国矿业大学，2011.

[98] 张顺金．透明岩体相似材料研制与实验应用研究［D］．徐州：中国矿业大学，2014.

[99] 叶伟．透明脆性岩石相似材料内置三维裂纹扩展试验研究［D］．重庆：重庆大学，2016.

[100] 付金伟，朱维申，雒祥宇，等．含三维内置断裂面新型材料断裂体破裂过程研究［J］．中南大学学报（自然科学版），2014：3257-3263.

[101] 李元海，林志斌，秦先林，等．透明岩体相似材料物理力学特性研究［J］．中国矿业大学学报，2015，44：977-982.

[102] Sun J, Liu J. Visualization of tunnelling-induced ground movement in transparent sand［J］．Tunnelling & Underground Space Technology Incorporating Trenchless Technology Research，2014，40：236-240.

[103] Ahmed M, Iskander M. Evaluation of tunnel face stability by transparent soil models［J］．Tunnelling & Underground Space Technology Incorporating Trenchless Technology Research，2015，27：101-110.

[104] Guzman EMD, Alfaro M. Modelling a Highway Embankment on Peat Foundations Using Transparent Soil［J］．Procedia Engineering，2016，143：363-370.

[105] Zhang D, Fan G, Ma L, et al. Aquifer protection during longwall mining of shallow coal seams：a case study in the Shendong Coalfield of China［J］．International Journal of Coal Geology，2011，86：190-196.

[106] Liang Y. Scientific conception of precision coal mining［J］．Journal of China Coal Society，2017.

[107] Liang Y, Tong Z, Zhao Y, et al. Precise coordinated mining of coal and associated resources: A case of environmental coordinated mining of coal and associated rare metal in Ordos basin [J]. Journal of China University of Mining & Technology, 2017, 46: 449-459.

[108] Publisher. Theory framework and technological system of coal mine underground reservoir [J]. Journal of China Coal Society, 2015, 40: 239-246.

[109] Xie H, Gao M, Ru Z, et al. The subversive idea and its key technical prospect on underground ecological city and ecosystem [J]. Chinese Journal of Rock Mechanics & Engineering, 2017, 36: 1301-1313.

[110] Singh MM, Kendorski FS. Strata disturbance prediction for mining beneath surface water and waste impoundments [J]. Proceedings of the 1st conference on Ground Control in Mining, 1981: 76-89.

[111] Palchik V. Analytical and empirical prognosis of rock foliation in rock masses [J]. J coal of Ukraine, 1989, 7: 45-46.

[112] Booth CJ, Spande ED. Potentiometric and Aquifer Property Changes Above Subsiding Longwall Mine Panels, Illinois BasinCoalfield [J]. Ground Water, 1992, 30: 362-368.

[113] Chekan GJ, Listak JM. Design practices for multiple-seam longwall mines [J]. Information Circular - United States, Bureau of Mines; (United States), 1993, 9360.

[114] Mills KW, O'Grady P. Impact of longwall width on overburden behavior [J]. 1998.

[115] Zhao X, Jian J, Lan B. An integrated method to calculate the spatial distribution of overburden strata failure in longwall mines by coupling GIS and FLAC ~ (3D) [J]. International Journal of Mining Science and Technology, 2015, 25: 369-373.

[116] Rezaei M, Hossaini MF, Majdi A. A time-independent energy model to determine the height of destressed zone above the mined panel in longwall coal mining [J]. Tunnelling and Underground Space Technology incorporating Trenchless Technology Research, 2015, 47: 81-92.

[117] Majdi A, Hassani FP, Nasiri MY. Prediction of the height of destressed zone above the mined panel roof in longwall coal mining [J]. International Journal of Coal Geology, 2012, 98: 62-72.

[118] Denkhaus HG. Critical review of strata movement theories and their application to practical problems [J]. Recueil des Travaux Chimiques des Pays-Bas, 1964, 40: 519-524.

[119] Xie GX, Chang JC, Yang K. Investigations into stress shell characteristics of surrounding rock in fully mechanized top-coal caving face [J]. International Journal of Rock Mechanics & Mining Sciences, 2009, 46: 172-181.

[120] Wenbing, Youfeng, Quanlin. Fractured zone height of longwall mining and its effects on the overburden aquifers [J]. International Journal of Mining Science and Technology, 2012, 22: 603-606.

[121] Lu, Haifeng, Yuan, et al. Rock parameters inversion for estimating the maximum heights of two failure zones in overburden strata of a coal seam [J]. International Journal of Mining Sci-

ence and Technology, 2011, 21: 41-47.

[122] Shabanimashcool M, Li CC. Numerical modelling of longwall mining and stability analysis of the gates in a coal mine [J]. International Journal of Rock Mechanics & Mining Sciences, 2012, 51: 24-34.

[123] Palchik V. Formation of fractured zones in overburden due to longwall mining [J]. Environmental Geology, 2003, 44: 28-38.

[124] Fawcett RJ, Hibberd S, Singh RN. Analytic calculations of hydraulic conductivities above longwall coal faces [J]. International Journal of Mine Water, 1986, 5: 45-60.

[125] Majdi A, Hassani FP, Nasiri MY. An Estimation of the Height of Fracture Zone In Longwall Coal Mining [J]. Journal of the American Chemical Society, 2012, 107: 4343-4345.

[126] Karacan CO, Diamond WP, Esterhuizen GS, et al. Numerical Analysis of the Impact of Longwall Panel Width on Methane Emissions and Performance of Gob Gas Ventholes [J]. Frontiers A Journal of Women Studies, 2007, 26: 1-23.

[127] Karacan CÖ, Goodman G. Hydraulic conductivity changes and influencing factors in longwall overburden determined by slug tests in gob gas ventholes [J]. International Journal of Rock Mechanics & Mining Sciences, 2009, 46: 1162-1174.

[128] XU, Zhimin, Yajun, et al. Predicting the height of water-flow fractured zone during coal mining under the Xiaolangdi Reservoir [J]. International Journal of Mining Science and Technology, 2010, 20: 434-438.

[129] Inc F. FLUENT 6. 3 User's Guide [J]. 2006.

[130] 杨杨. 基于 Fluent 的地下水污染三维模拟计算 [D]. 长春：吉林大学，2008.

[131] Xie D, Wang H, Kearfott KJ. Modeling and experimental validation of the dispersion of 222 Rn released from a uranium mine ventilation shaft [J]. Atmospheric Environment, 2012, 60: 453-459.

[132] Ryfa A, Buczynski R, Chabinski M, et al. Decoupled numerical simulation of a solid fuel fired retort boiler [J]. Applied Thermal Engineering, 2014, 73: 794-804.

[133] Alganash B, Paul MC, Watson IA. Numerical investigation of the heterogeneous combustion processes of solid fuels [J]. Fuel, 2015, 141: 236-249.

[134] Javadi M, Sharifzadeh M, Shahriar K. A new geometrical model for non-linear fluid flow through rough fractures [J]. Journal of Hydrology, 2010, 389: 18-30.

[135] Gwak G, Kim M, Oh K, et al. Analyzing effects of volumetric expansion of uranium during hydrogen absorption [J]. International Journal of Hydrogen Energy, 2017.

[136] 董力豪，夏菲，聂逢君，等. 鄂尔多斯盆地纳岭沟铀矿床目的层岩石学特征 [J]. 地球科学前沿，2016, 6 (4): 297-306.

[137] 刘晓丽，王思敬，王恩志，等. 含时间效应的膨胀岩膨胀本构关系 [J]. 水利学报，2006, 37: 195-199.

[138] Liu HH, Wei MY, Rutqvist J. Normal-stress dependence of fracture hydraulic properties in-

cluding two-phase flow properties ［J］. Hydrogeology Journal, 2012, 21: 371-382.

［139］Chen Y, Liang W, Lian H, et al. Experimental study on the effect of fracture geometric characteristics on the permeability in deformable rough-walled fractures ［J］. International Journal of Rock Mechanics & Mining Sciences, 2017, 98: 121-140.

［140］Yeo W. Effect of contact obstacles on fluid flow in rock fractures ［J］. Geosciences Journal, 2001, 5: 139-143.

［141］Kluge C, Milsch H, Blöcher G. Permeability of displaced fractures ［J］. Energy Procedia, 2017, 125: 88-97.

［142］季明. 湿度场下灰质泥岩的力学性质演化与蠕变特征研究 ［D］. 徐州: 中国矿业大学, 2009.

［143］杨庆, 廖国华, 吴顺川. 膨胀岩三维膨胀本构关系的研究 ［J］. 岩石力学与工程学报, 1995, 14: 33-38.

［144］张婷, 黄斌, 吴云刚. 膨胀土击实样膨胀特性试验研究 ［J］. 武汉大学学报（工学版）, 2011, 42: 211-215.

［145］武科, 吴昊天, 张文, 等. 不同荷载作用下膨胀土的膨胀率与膨胀潜势试验 ［J］. 江苏大学学报（自然科学版）, 2016, 37: 713-718.

［146］Zimmerman RW, Bodvarsson GS. Hydraulic conductivity of rock fractures ［J］. Transport in Porous Media, 1996, 23: 1-30.

［147］Ergun S. Fluid flow through packed columns ［J］. Chem Eng Prog, 1952, 48: 89-94.

［148］Fand R, Thinakaran R. The influence of the wall on flow through pipes packed with spheres ［J］. Journal of Fluids engineering, 1990, 112: 84-88.

［149］Blick EF. Capillary-orifice model for high-speed flow through porous media ［J］. Industrial & Engineering Chemistry Process Design and Development, 1966, 5: 90-94.

［150］Sidiropoulou MG, Moutsopoulos KN, Tsihrintzis VA. Determination of Forchheimer equation coefficients a and b ［J］. Hydrological processes, 2007, 21: 534-554.

［151］Mota M, Teixeira J A, Bowen W R, et al. Binary spherical particle mixed beds: Porosity and permeability relationship measurement ［J］. Filtration Society, 2001, 1 (4).

［152］Kadlec R H, Wallace S. Treatment Wetlands: Second Edition ［M］. Boca Raton: CRC Press, 2008.

［153］Ward J. Turbulent flow in porous media ［J］. Journal of the Hydraulics Division, 1964, 90: 1-12.

［154］Oda M, Takemura T, Aoki T. Damage growth and permeability change in triaxial compression tests of Inada granite ［J］. Mechanics of Materials, 2002, 34: 313-331.

［155］Zhang X, Sanderson DJ, Barker AJ. Numerical study of fluid flow of deforming fractured rocks using dual permeability model ［J］. Geophysical Journal International, 2002, 151: 452-468.

［156］Wang JA, Park HD. Fluid permeability of sedimentary rocks in a complete stress-strain process [J]. Engineering Geology, 2002, 63: 291-300.

[157] Qian M, Miao X, Xu J. Theoretical study of key stratum in ground control [J]. Journal of China Coal Society, 1996.

[158] Huang XW, Tang P, Miao XX, et al. Testing study on seepage properties of broken sandstone [J]. Rock And Soil Mechanics, 2005, 26: 1385.

[159] Xiong D, Zhao Z, Chengdong SU, et al. Experimental study of effect of water-saturated state on mechanical properties of rock in coal measure strata [J]. Chinese Journal of Rock Mechanics & Engineering, 2011, 30: 998-1006.

[160] Chen X, Su C, Tang X, et al. Experimental study of effect of water-saturated state on compaction property of crushed stone from coal seam roof [J]. Chinese Journal of Rock Mechanics & Engineering, 2014, 33: 3318-3326.

[161] Ghabezloo S, Sulem J, Guédon S, et al. Effective stress law for the permeability of a limestone [J]. International Journal of Rock Mechanics and Mining Sciences, 2009, 46: 297-306.

[162] Rutqvist J, Wu Y-S, Tsang C-F, et al. A modeling approach for analysis of coupled multiphase fluid flow, heat transfer, and deformation in fractured porous rock [J]. International Journal of Rock Mechanics and Mining Sciences, 2002, 39: 429-442.

[163] Davies J, Davies D. Stress – dependent permeability: characterization and modeling. SPE Annual Technical Conference and Exhibition: Society of Petroleum Engineers, 1999.

[164] Davies J P, Davies D K. Stress-Dependent Permeabitity: Characterization and Modeling [J]. SPE Journal, 2001, 6 (2): 224-235.

[165] Baghbanan A, Jing L. Stress effects on permeability in a fractured rock mass with correlated fracture length and aperture [J]. International Journal of Rock Mechanics & Mining Sciences, 2008, 45: 1320-1334.

[166] Chen YF, Zhou JQ, Hu SH, et al. Evaluation of Forchheimer equation coefficients for non-Darcy flow in deformable rough-walled fractures [J]. Journal of Hydrology, 2015, 529: 993-1006.

[167] 崔希民, 缪协兴, 苏德国, 等. 岩层与地表移动相似材料模拟试验的误差分析 [J]. 岩石力学与工程学报, 2002, 21: 1827-1830.

[168] 蒋树屏, 黄伦海, 宋从军. 利用相似模拟方法研究公路隧道施工力学形态 [J]. 岩石力学与工程学报, 2002, 21: 662-666.

[169] Iskander M. Modelling with transparent soils : visualizing soil structure interaction and multi phase flow, non-intrusively [J]. Vadose Zone Journal, 2012, 11.

[170] 张通, 袁亮, 赵毅鑫, 等. 薄基岩厚松散层深部采场裂隙带几何特征及矿压分布的工作面效应 [J]. 煤炭学报, 2015, 40: 2260-2268.

[171] Zhao X, Jian J, Lan B. An integrated method to calculate the spatial distribution of overburden strata failure in longwall mines by coupling GIS and FLAC3D [J]. International

Journal of Mining Science and Technology，2015，25：369-373.

［172］任艳芳，齐庆新．浅埋煤层长壁开采围岩应力场特征研究［J］．煤炭学报，2011，36：1612-1618.

［173］刘正邦，王海峰，闻振乾，等．地浸采铀井场溶液运移特征与抽注液量控制研究［J］．铀矿冶，2017，36：23-26.

图书在版编目（CIP）数据

鄂尔多斯盆地煤铀协调开采扰动岩层多场耦合特征/
张通，袁亮，赵毅鑫著 . --北京：应急管理出版社，2021
ISBN 978-7-5020-7738-9

Ⅰ.①鄂…　Ⅱ.①张…　②袁…　③赵…　Ⅲ.①鄂尔多斯
盆地—煤矿开采—研究　②鄂尔多斯盆地—铀矿开采—研
究　Ⅳ.①TD82　②TD868

中国版本图书馆 CIP 数据核字 (2019) 第 242130 号

鄂尔多斯盆地煤铀协调开采扰动岩层多场耦合特征

著　　者	张　通　袁　亮　赵毅鑫
责任编辑	成联君
责任校对	孔青青
封面设计	安德馨

出版发行　应急管理出版社（北京市朝阳区芍药居 35 号　100029）
电　　话　010-84657898（总编室）　010-84657880（读者服务部）
网　　址　www.cciph.com.cn
印　　刷　北京建宏印刷有限公司
经　　销　全国新华书店

开　　本　710mm×1000mm$\frac{1}{16}$　印张　8$\frac{3}{4}$　字数　150 千字
版　　次　2021 年 1 月第 1 版　2021 年 1 月第 1 次印刷
社内编号　20193242　　　　　定价　32.00 元